INDICATEUR STATISTIQUE

VINICOLE

DES DÉPARTEMENTS

DE

L'AUDE, DE L'HÉRAULT

ET

DES PYRÉNÉES-ORIENTALES.

COMPRENANT

1o Une notice sur le terroir des principales communes
produisant des vins ;

2o Désignation des principaux propriétaires ;

3o Qualité et quantité approximative du nombre d'hectolitres
qu'ils récoltent annuellement,

PAR

P. Baron TROUOG DE STELS.

PREMIÈRE ÉDITION.

PERPIGNAN

IMPRIMERIE CH. LATROBE, RUE DES TROIS-ROIS, 1.

—

1871

INDICATEUR STATISTIQUE VINICOLE

DES DÉPARTEMENTS

DE L'AUDE, DE L'HÉRAULT

ET

DES PYRÉNÉES-ORIENTALES.

Cet ouvrage est la propriété de l'Auteur.

Des correspondants vont être établis dans toute la France, l'Angleterre, la Suisse et la Belgique.

L'Auteur de l'INDICATEUR fera lui-même des voyages pour faire connaître les avantages de s'adresser directement aux propriétaires.

On pourra s'adresser à la direction à Narbonne pour obtenir tous les échantillons des vins que l'on pourra désirer.

Tous les ans on fera connaître le Stock.

C.

INDICATEUR STATISTIQUE

VINICOLE

DES DÉPARTEMENTS

DE

L'AUDE, DE L'HÉRAULT

ET

DES PYRÉNÉES-ORIENTALES.

COMPRENANT

1o Une notice sur le terroir des principales communes
produisant des vins ;

2o Désignation des principaux propriétaires ;

3o Qualité et quantité approximative du nombre d'hectolitres
qu'ils récoltent annuellement, ·

PAR

P. Baron TROUOG DE STELS.

PREMIÈRE ÉDITION.

PERPIGNAN

IMPRIMERIE CH. LATROBE, RUE DES TROIS-ROIS, 1.

—

1871

AVANT-PROPOS.

Depuis quelques années, les populations consomment beaucoup plus de vin ; cela tient au bien-être général, à la facilité des transports, à la création surtout des chemins de fer. La consommation plus grande entraîne nécessairement une production plus importante ; et voilà conséquemment les causes, non-seulement de plantations nombreuses, mais de la transformation qui s'opère aujourd'hui dans la nature du vin qui se produit.

Jusqu'à l'invasion de l'oïdium dans le Midi, on plantait, non-seulement des cépages pour obtenir l'alcool, mais le vin de tous ces derniers était traité comme vin de chaudière ; aujourd'hui, les vins des cépages sans distinction, sont traités en général comme vins pour la consommation. De là, toute une révolution à l'époque de la vendange ; le temps de la cuvaison et les soins consécutifs donnés aux vins dans le courant de l'année. Ainsi donc, la masse des propriétaires s'agite pour opérer cette transformation des vins de chaudière en vins potables ; les uns sont destinés à passer par les mains du commerce avant d'arriver à la consommation ; les autres seront, dans un temps peu éloigné, destinés à passer directement du producteur chez le consommateur. Actuellement les propriétaires cherchent à produire du vin pour le commerce et pour la consommation.

Les commerçants de tous les pays ont donc intérêt à connaître les producteurs qui travaillent pour eux ; tel est donc le but de l'INDICATEUR de la production que nous publions aujourd'hui, INDICATEUR qui sera également utile aux rares propriétaires plus avancés qui travaillent déjà pour la consommation directe, car notre INDICATEUR actuel fait connaître en partie l'existence de ces rares produits. Ces derniers se multiplieront rapidement, car le propriétaire, enfin mieux éclairé, ne travaillera plus pour le commerce, il voudra profiter lui-même des gros bénéfices que celui-ci fait à ses dépens.

Ce sera donc de cet état de choses, que naîtra cette seconde révolution qui, comme nous l'avons dit, consistera à produire des vins, surtout pour la consommation directe. Mais pour arriver là, il faut que le consommateur puisse être mis en rapport avec le producteur ; or, tel sera le but de l'INDICATEUR de la consommation qui sera publié en temps opportun et qui fera connaître aux propriétaires les noms et les besoins annuels des principaux consommateurs.

A cet effet, nous sommes persuadé d'avance que la propriété nous secondera, car elle comprend que son avenir dépend surtout de la vente directe sans le concours du commerce.

Le but de l'*Indicateur vinicole* est de bien faire apprécier par le Commerce et les Propriétaires qui font usage des vins, que ceux des trois départements ci-contre mentionnés sont très bons pour la table et qu'ils peuvent égaler les vins de Bordeaux. Ce qui le prouve, ce sont tous les vins qui s'en vont dans le département de la Gironde et qui passent dans la consommation pour du Bordeaux.

Je suis convaincu qu'un jour viendra, et ce ne sera pas long, où l'on se convaincra que les vins des trois départements de l'Aude, de l'Hérault et des Pyrénées-Orientales (ce dernier connu sous le nom de Roussillon) prendront le rang qu'ils méritent dans la consommation et que les Propriétaires qui apportent tous leurs soins à les bien soigner trouveront la juste récompense d'être appréciés à leur valeur.

Ils ont d'abord un avantage immense, c'est d'être bien moins chers que les vins de Bordeaux. On trouvera de très *bons vins de table* et *des vins très fins*, tels que : Les vins de *Malvoisie*, le *Rancio*, le *Grenache*, le *Muscat*, l'*Alicante*, le *Rivesaltes*, le *Piquepoul*, le *Frontignan*, *Lunel Blanquette*, *Tokai*, *Collioure*, etc. etc., une fois nos vins connus nous devons faire une concurrence loyale aux vins de Bordeaux.

Si les négociants de Bordeaux n'étaient pas aussi fiers de la prétendue supériorité de leurs vins et s'ils ne cherchaient pas par tous

les moyens possibles à faire croire que nos
vins ne sont bons que pour les coupages, il y a
longtemps que nos vins seraient bien mieux appréciés.

Les vins des trois départements : Aude, Hérault
et Pyrénées-Orientales, font la richesse des négociants de Bordeaux qui s'en servent dans le coupage
de leurs vins et leur permettent de fournir des vins
soi-disant de Bordeaux en si grande quantité.

Nous espérons arriver par notre *Indicateur* qui
va se répandre dans tous les pays, à attirer le
commerce et les consommateurs à venir plus souvent nous visiter.

On trouvera à la direction de l'*Indicateur Vinicole* à Narbonne, tous les renseignements et tous les
échantillons que le haut commerce pourra désirer
de tous les produits des principaux propriétaires de
vins qui se trouvent dans les trois départements
qui font l'objet de cet ouvrage.

Tous les ans il y aura une nouvelle édition qui
indiquera les changements qui pourront se produire.

Les négociants, industriels et propriétaires qui
voudront bien nous honorer en mettant un article
de réclames ou d'annonces devront nous adresser

leur demande avant le quinze octobre de chaque
année, époque à laquelle nous préparerons la nouvelle édition qui paraîtra tous les ans au premier
janvier.

Cet *Indicateur Vinicole* sera envoyé en Angleterre, Belgique, Italie, Suisse et dans toute la
France..

Ce bien général, nos *Indicateurs* contribueront
à le produire. Aussi nous espérons qu'ils seront
accueillis favorablement.

P. Baron TROUOG DE STELS.

FAURÉ

DE FOUDRES ET CUVES

CHEMIN DE PÉRIOLE

DERRIÈRE LA GARE DU CHEMIN DE FER

TOULOUSE.

Médaille d'argent à l'Exposition de Toulouse
en 1858.
Médaille d'argent (1er prix) à l'Exposition
de Montauban en 1868.

L'habileté et l'intelligence qui président à la
confection des fondres et cuves qui se font dans
l'atelier du sieur Fauré, les diverses récompenses
qu'il a obtenues aux expositions de Toulouse et de
Montauban, sont un sûr garant de la confiance que
MM. les propriétaires et négociants doivent accor-
der à cet habile ouvrier qui a des relations nombreuses avec Béziers, Narbonne et les communes
viticoles les plus importantes de l'Hérault et de
l'Aude.

Le sieur Fauré prévient MM. les propriétaires
qu'il fabrique des foudres en bois ordinaire à des
prix très modérés ; avec du bois des États-Unis, à
prix débattus ; il fabrique aussi des foudres et cuves
avec le fonds en chêne, à double fonds, convexe
dans le haut, et en garantit la solidité.

DÉPARTEMENT

DE

L'AUDE.

DÉPARTEMENT DE L'AUDE.

Parmi les importants produits du département, les vins figurent en tête des productions agricoles. De tout temps les vins du Narbonnais, généralement de bonne qualité et très estimés pour les mélanges, ont été activement recherchés par le commerce.

Le département de l'Aude est un pays où l'agriculture est dans un état prospère; aussi nous hâtons-nous de rendre un juste hommage aux intelligents propriétaires, si les pratiques sont plus avancées que dans beaucoup de départements du Midi. La vigne surtout est l'objet des soins les plus assidus, rien n'est négligé pour améliorer les vignobles dont les produits sont presque incalculables.

Nous eussions bien voulu dans un court exposé pouvoir faire l'éloge particulier des propriétaires les plus importants, mais comme le nombre en est trop grand, nous avons cru qu'il serait plus opportun de le faire dans notre seconde édition. En citant la propriété de Montfort en tête des vins du Narbonnais, nous avons voulu rendre un juste hommage à M. le Baron, que la nature a doué d'un cœur noble et généreux, et qui est toujours disposé à prêter son concours à ceux qui par leur intelligence et par un travail sans relâche, cherchent à se rendre utiles à leur pays.

Si, comme nous l'avons fait pour le département de l'Hérault, nous donnons la nomenclature des principaux propriétaires de celui de l'Aude avec la quantité approximative de vins qu'ils récoltent annuellement, nous avons voulu aussi faire un choix parmi les plus importants et consacrer quelques lignes à leur propriété.

Nous avons parcouru dans tous les sens les dépendances du château de Montfort, situé à 5 kilomètres environ de Narbonne ; nous y avons remarqué de magnifiques vignobles admirablement bien exposés au soleil, complantés sur un sol rocailleux, dont les produits peuvent être classés parmi les meilleurs du Narbonnais.

Ce qui a le plus particulièrement fixé notre attention, ce sont les belles plantations du cépage produisant le délicieux vin de Malvoisie que nous avons dégusté, et qui, certes, peut rivaliser avec ceux des principaux crûs de l'Espagne. Ces vins, connus sous le nom de Malvoisie de Montfort, dont M. le baron a été le premier à introduire le cépage dans le Narbonnais, figureront, nous en sommes persuadé, sur les tables de nos plus fins gourmets.

Nous sommes heureux de pouvoir donner ici notre appréciation et affirmer que peu de vins fins peuvent lui être comparés.

La belle propriété de Montfort produit en

moyenne 4,000 hectolitres de vin rouge de qualité supérieure et 300 hectolitres de délicieux Malvoisie.

Commune d'Arnissan.

à 8 kilomètres de Narbonne. 3 de Vinassan.

Les produits de cette localité sont bons pour le commerce seulement.

Principaux propriétaires.

MM.

Vié Jules, récolte 2,800 hect. vin rouge ; Bras Lucien, 450 ; Bécas frères, 440 ; Romain Benoît, 350 ; Romain Hercule, 300 ; Revel Hippolyte, 300 ; Villebrun François, 280 ; Pomarède, 250 ; Bonhomme Auguste, 200 ; Bousquet Joseph, 200 ; Planés Louis, 200.

La propriété de plan de Roques appartient à M. Barthe Urbain, elle produit en moyenne 200 hect. vin rouge 2e choix.

Commune de Bages,

A 8 kilom. de Narbonne.

—

La belle propriété d'Estarac appartient à M. Payre, chevalier de la Légion-d'Honneur. Elle est composée de cent hectares de vignes qui produisent en moyenne 2,000 hect. vins noirs, réputés 1re qualité de Narbonne.

Le domaine Le Pavillon appartenant à M. Vic François, est situé à 2 kilom. de Bages, et à 5 kilom. de Narbonne, sur la route Nationale de Perpignan. Il produit 160 hect. vin noir hors ligne (de Quatourzes). Produira dans 2 ans 200 hect. même qualité.

Commune de Coursan.

Située à 7 kilom. de Narbonne, station du chemin de fer de Béziers à Narbonne.

—

Les principaux cépages de cette localité sont : l'Aramon, le Carignan et le Terret.

Principaux propriétaires.

MM.

Salaman Jacques, récolte 2,000 hect. 3me qualité ; Salaman Jules, 2,000, 1er qualité ; Poula-

liès, 2,000, 2ᵉ qualité ; Martin, 1,500, 2ᵉ qualité ;
Daunis Jean, 1,500, 2ᵉ qualité ; Martin, Juge à
Narbonne, 1,500, 2ᵉ qualité ; Cazals François,
1,500, 2ᵉ qualité ; Bécas, 1,200, 2ᵉ qualité; Laforgue Frédéric, 1,000, 2ᵉ qualité ; récoltera dans
deux ans 4,000 environ ; Razimbaud, 1,000, 2ᵉ
qualité.

En faisant succinctement l'éloge de l'une des
plus considérables et importantes propriétés de nos
contrées méridionale, nous avons voulu rendre un
juste hommage à M. Tapié-Mengaud, propriétaire
du domaine de Céleyran, à 3 kilomètres environ
de Coursan.

Le domaine de Céleyran, sur le territoire de la
commune de Coursan, est situé dans l'arrondissement de Narbonne, sur les bords de l'Aude, à
15 kilom. de la mer ; il se compose de 560 hect.
de terres, dont la partie la plus remarquable est
celle où se pratiquent des cultures très-variées,
formées en majorité de terres d'alluvion fort riches.

M. Tapié-Mengaud s'occupe depuis près de 52
ans de cette terre qu'il habite constamment.

La magnifique propriété de Céleyran offre un
modèle de très bonne culture ; aussi, l'opinion
publique, toujours juste à l'égard des hommes
utiles à leur pays, tient en haute estime l'honorable M. Tapié-Mengaud qui a toujours donné le
salutaire exemple d'une sympathie vraie, d'une
paternelle bienveillance pour la population rurale et
les serviteurs qui l'entourent. Nous sommes heureux de pouvoir rendre grâce à l'homme riche et

éclairé qui comprend on ne peut mieux sa mission d'humanité et de progrès.

36 hectares de terres maigres ont été plantées de mûriers et d'oliviers ; 156 hectares de sol d'une nature bien plus fertile, produisent des racines, des céréales, des vesces et des prairies artificielles parmi lesquelles domine la luzerne. La graine de ces luzernes est pour ce domaine l'objet d'une importante spéculation.

La vigne occupe une notable portion du domaine de Céleyran, 170 hectares environ. Les vignobles produisent en moyenne, 8,670 hectolitres.

En 1830, une partie de terrains arides où la végétation était autrefois impuissante a été plantée de vignes. M. Tapié-Mengaud voulant utiliser ces terrains fit faire des essais qui se rattachaient à la sylviculture ; il fit former avec les plantes qu'il destinait à ces hauteurs, une espèce de pépinière, et lorsque la végétation eut acquis une certaine vigueur et les organes de la vie une certaine force, il fit transporter ces souches, pour ainsi dire rudimentaires, sur ces terrains ingrats. Elles y vivent aujourd'hui donnant des résultats satisfaisants. Cette méthode de planter la vigne s'est généralisée dans nos contrées et elle est connue sous le nom de plantation en *pourrette.*

Nous avons vu les magnifiques constructions de Céleyran qui, certes, sont des modèles, mais des modèles à l'usage seul des grandes fortunes, quoiqu'en réalité, un trop grand luxe n'ait pas dominé dans leur établissement. Pendant l'élaboration de notre ouvrage, nous avons visité un très-grand nombre de caves ; aussi nous n'hésitons pas à constater, que c'est probablement chez M. Tapié-Mengaud que se voient les plus beaux et les plus vastes celliers de tout le Midi.

En visitant les écuries, nous avons remarqué qu'elles sont en rapport avec les besoins du domaine, et réunissent toutes les conditions d'une bonne hygiène.

35 chevaux ou mulets d'une belle taille, dans un état satisfaisant, garnissent les écuries.

16 bœufs dans un état très-satisfaisant.

Un troupeau de 1,200 bêtes de race croisée mérinos, est logé dans une très-belle et bonne bergerie.

Une troupe de 70 chevaux de Camargue vient ajouter son intérêt à ce qui se voit à Céleyran.

Enfin, il existe à Céleyran des mûriers assez étendus pour permettre une éducation de dix-huit onces de grains ; une olivette bien tenue, bien travaillée.

En un mot, l'ensemble de la belle exploitation de Céleyran offre des caractères on ne peut plus tranchés de progrès évidents et d'accroissement énorme de revenu net ; aussi, au concours de Carcassonne, en 1859, M. Tapié a obtenu la plus grande médaille d'or décernée par M. le Ministre de l'Agriculture.

Avant de terminer cet exposé, nous énumérons les diverses récompenses que M. Tapié-Mengaud a obtenues. Savoir : En 1854, prime de 500 fr.

accordée par la société d'agriculture ; exploitation réunissant la plus forte culture fourragère, et de bétail bien tenu. M. Tapié, qui fréquente les concours régionaux depuis leur création, a obtenu à Carcassonne, Montpellier, Perpignan, Nimes, plusieurs prix pour les animaux, bêtes bovines et produits agricoles : médailles d'or, d'argent, de bronze, etc.

Commune de Cuxac,

A 6 kilomètres de Narbonne.

Les principaux cépages des vignobles de Cuxac, sont l'Aramont, le Carignan, l'Alicante et le Mataro.

Principaux propriétaires.

MM.

Tapié-Mengaud, récolte 5,000 hect. 1re qualité ; Pomairon, 4,000, 2e qualité ; de Saint-André, 4,000, 1re qualité ; Andoque, 5,000, 2e qualité ; Delaude, 2,000, 2e qualité ; Coffopé, 1,000, 1re qualité.

Commune de Fleury,

A 13 kilomètres de Narbonne.

Les principaux cépages de cette commune, dont les produits sont très remarquables par leur bonté, sont le Carignan et l'Alicante.

Principaux propriétaires.

MM.

Tapié-Mengaud, récolte 1,100 hect. hors-ligne, de Grasset, 6,000 dont 3,000 1re qualité ; 3,000 de 2e qualité ; Poujol, 6,000 dont 3,000 1re qualité, 3,000 2e qualité ; Anglès, 3,500 2e qualité ; Sylvain, 1,500 2e qualité ; Arnaud, 1,500 1re qualité ; Vignard, 1,000 1re qualité ; divers propriétaires, 4,000, de qualités diverses.

Commune de Ginestas,

A 11 kilomètres de Narbonne et 7 de la gare de Marcorignan.

Les principaux cépages de cette localité sont : l'Alicante et le Grenache.

Principaux propriétaires.

MM.

Camans-Julien, récolte 1,200 hect. vin rouge ; Castel-Grégoire, 1,200 ; Piquet, 1,200 ; Caunes aîné, 1,200 ; Bardel Prosper, 1,000 ; Pittore, 1,000 ; Capet Paul, 1,000 , Grandjoux, 600 ; Caunes Auguste, 400 ; Caunes Eugène, 400 ; Mathias Jean, 300.

Commune de Lézignan,

Station de chemin de fer, à 21 kilomètres de Narbonne.

—

Les principaux cépages sont le Carignan et le Grenache.

Principaux propriétaires.

MM.

Sarda Auguste, à Caumont, récolte 5,000 hect. vin rouge ; la marquise d'Exéa, 5,000 ; de Kerroitz (à Gaujac), 3,000 ; Barthez Hyacinthe, 3,000 ; Martin, 1,200 ; Peyrusse Eugène, chevalier de la Légion-d'Honneur, 1,200 ; Mazard Jules, 1,200 ; Cabrier Armand, 1,200 ; Cugnet Louis, 1,200 ;

Daude, docteur, 1,000 ; Fort Louis, 1,000 ; Espi-
tallier Bernard, 1,000 ; Barthez Louis, 1,000 ;
Théron, notaire, 800 ; Bertrand, cadet, 800 ; Bar-
thez, père, 800 ; Perpère, pharmacien, 800 ;
Lafage Prosper, 600 ; Castel frères, 800 ; Bédrie
Jean-Pierre, 600 ; Lasserre Achille, 600 ; Castié
Finou, 400 ; Bédrie Adolphe, 500 ; Bédrie Janou,
400.

Le domaine de Montrabich, situé sur le territoire de cette commune, appartient à M. de Martin,
médecin à Narbonne. Il produit en moyenne 4,000
hectolitres vin pour la consommation provenant de
vignes plantées, soit mélanges, soit par alignement
séparés, soit en plantations exemptes de mélanges
des cépages de Carignan, Grenache, Terret. Il
existe aussi sur ce domaine des plantations jeunes
de Muscat, de Malvoisie, de Tokai, de Piquepoul
d'Uzès. Les vins de Montrabich, admis à l'Exposition universelle de Paris en 1855, ont obtenu une
médaille de seconde classe.

Le domaine de l'Etang, situé partie sur le territoire de cette commune, partie sur celui de Crus-
cades, appartient à M. Barlabé, propriétaire à Narbonne. Il produit 4.000 hectolitres environ vins de
1er et 2e choix. Il produira dans deux ans 6,000
hecto.itres environ. Principaux cépages : Carignan
et Alicante.

Commune de Marcorignan

Station de chemin de fer, à 2 kilomètres de Saint-Marcel

—

Les vins des propriétaires dont les noms suivent, sont de 1er et 2e choix. Ils sont composés de Terret, Aramon, Piquepoul, Carignan et Alicante.

MM.

Mignard Thimothée, récolte 3,000 hect. vin rouge; Anselme, 3,000; Bouis aîné, 1,800; Bouis Alcide (la veuve), 1,500; Berthy Martin, 1,000; Berthy fils, 500; Bourdel, 500; Lombard Joachim et son frère, 400.

Les vins de premier choix se composent de Carignan et d'Alicante, c'est-à-dire très alcooliques, très chargés en couleur, conséquemment bons pour le commerce.

MM.

Chavernac frères, récoltent 500 hect. vin rouge; Joufret frères, 500; Chavernac Hippolyte, 500; Fort frères, 400; Coffopé, 200; Taudou 100.

Nota. — Les vins de 2e choix se livrent à la consommation directe.

Commune de Narbonne.

—

La belle propriété de Montfort produit en moyenne 4,000 hectolitres de vin rouge de qualité supérieure et 300 hectolitres de délicieux Malvoisie.

La campagne de Lunes, située à environ 3 kilomètres de Narbonne, appartient à M. Bonnel Léon, propriétaire; ses caves reçoivent en moyenne 2,500 hectolitres de vin de 1re qualité et quelques hectolitres de vin de Malvoisie.

La cave de M. Razimbaud Amédée reçoit en moyenne 3,500 hectolitres vin rouge partie 1re qualité, partie seconde.

La cave de M. Thimotée Mignard, de Marcorignan, reçoit 3,200 hectolitres vin 2e qualité.

Razouls Louis, propriétaire à Narbonne, récolte à Prat de Cest 3,000 hectolitres vin rouge 1re qualité; à la Grangette, commune de Cuxac, 5,000 hectolitres vin 2e qualité.

La cave du Fleix, appartenant à M. Gabriel Bonnel, de Narbonne, reçoit en moyenne 2,000 hectolitres vin rouge bonne 2e qualité.

La cave de M. Bonnel Benoit, de Narbonne, reçoit annuellement 2,000 hectolitres vin de 2e qualité.

La campagne de Montplaisir, située à 4 kilomètres de Narbonne, appartient à MM. Pailhés et Gayraud ; elle produit 1,500 hectolitres vin rouge de 1re qualité, et de 7 à 800 hectolitres de qualité inférieure.

La campagne de Lacoste, située à 2 kilomètres de Narbonne, appartient à M. Bord. Les vignes qui produisent en moyenne 1,000 à 1,200 hectolitres vin de 1re qualité 2e choix (Narbonne), sont complantées sur des terrains graveleux ; nous y avons trouvé des fourrages d'autant plus remarquables, que nous n'hésitons pas à les signaler à MM. les acheteurs.

La campagne de Saint-Crésent, située à 500 mètres de Narbonne, appartient à M. Coural ; les vignobles produisent en moyenne 2,000 hectolitres vin rouge 1re qualité.

M. Larraye Frédéric possède une campagne portant le nom de Ste-Croix, à 2 kilomètres de Narbonne. Cette belle propriété, dont les cépages sont complantés sur un terrain connu dans le Narbonnais sous le nom de Catourze, produit en moyenne 800 hectolitres vin rouge de qualité supérieure.

Une campagne, faisant autrefois partie de la Cafforte, appartient au même propriétaire ; elle produit en moyenne 1,000 hect. de vin rouge de 2e qualité.

M. Théophile Vallière, propriétaire de vignobles situés, partie à la Cafforte, partie tènement de Saint-Salvaire, récolte actuellement 1,200 h. pour la consommation directe et pour le commerce.

Le domaine de la Coupe, situé à 3 kilom. de Narbonne, appartenant à M. le marquis de Mirman, produit environ 3,000 hect. de vin noir, 1re qualité ; il produit de plus environ 2 à 300 hect. de Piquepoul et et une centaine d'hectolitres de grenache ; tous ces vins sont remarquables par leur finesse.

Le domaine de Ricardelles, situé à 4 kilom. de Narbonne, donne une récolte moyenne de 1,000 hect., partie en Carignan, partie en Aramon et en Terret, vin 1re qualité pour le commerce. Cette propriété appartient à M. Riols, propriétaire.

La campagne de Beaulieu, située à 6 kilom. de Narbonne, appartient à M. Fauré Hippolyte. Elle produit en moyenne 2,000 hect. vin rouge, 1er choix pour le commerce.

Le domaine de Ricardelles, baulieue de Narbonne près Coursan, produit en moyenne 3,000 hect. vin. Les cépages se composent en vignes séparées de Carignan, Aramont, Terret-Bourret, Piquepoul et Mourastel. Ce domaine appartient à M. de Martin, propriétaire à Narbonne.

Fresquet, à 6 kilom. de Narbonne, sur la route de Saint-Pons, appartient à M. Narbonès, avocat. Il se compose d'environ 1,500 hectares de vignes récemment plantées, qui doivent augmenter de beaucoup les produits en peu d'années. Plantation exclusive de Carignan et Grenache, premier choix.

Jonquières, à 6 kilomètres de Narbonne, appartient au même propriétaire, qui le crée en ce moment ; depuis 2 ans, il y a planté plus de cent mille pieds de souches Carignan et Grenache, dans la proportion de 3/5 Carignan et 1/5 Grenache. Les plantations continuent.

La propriété de Vintenac d'Aude, sur le bord du Canal du Midi, appartient à M. Seguy Bernard ; elle produit de 7,000 à 7,200 hect. vin, partie 1re qualité, partie 2e.

La propriété de Montlaurès appartient au même propriétaire, elle est située à 6 kilomètres de Narbonne et à 2 kilomètres du Canal ; elle produit en moyenne 5,000 hect. vin, la plus grande partie de 1re qualité.

La propriété de Labastide est située à 4 kilomètres de la gare de Lézignan ; elle produit de 5,000 à 5,600 hect. vin 1re qualité. — Il s'y fait des plantations importantes de Carignan et de Grenache.

M. Gauthier Hippolyte possède des terres éparses auprès de Narbonne ; une partie, en vieilles vignes, donne 200 hect. 1re qualité. — Une jeune vigne donne une égale quantité en 2e. Tout réuni 400 hectolitres.

M. Berliac Mathieu, propriétaire du domaine Saint-Joanez, situé à 3 kilomètres de Narbonne, produit 2,200 hectolitres vin 1re qualité. Les cépages sont composés de Carignan et de Grenache.

La propriété de Raonel située à 4 kilomètres de Narbonne, appartient à M. Fabre ; elle produit 2,500 hect. vin, bonne 2e qualité. Principaux cépages : Carignan, Alicante, Mataro.

Le domaine de Capoulade appartient à M. Espallac Auguste; il produit 2,000 hect. vin de montagne.

Le vignoble de Pech-Redon, appartenant au même propriétaire, produit de 4 à 500 hect 1re qualité Narbonne.

Le domaine du Rivage appartient à Melle Denise Marty-Parazols. Il possède un vignoble de vingt hectares; il est situé dans la plaine de Narbonne et se compose de 12 hectares Aramon, 5 hectares Carignan, 5 hectares Terret. Le même domaine produit des céréales, des fourrages, luzernes 1re qualité.

Le domaine de Malvésy, appartenant à Mme Delpech née De Bere, est d'une contenance d'environ 150 hectares. Il produit en moyenne 5,000 hect. vin, dont 1,000 de 2e qualité, et le reste de qualité moyenne.

Le domaine de Taurau, appartenant au même propriétaire et d'une contenance de 150 hectares, produit 4,000 quintaux de fourrages et 500 hect. de grains.

Le domaine de la Barque, à 6 kilomètres de Narbonne, appartenant à M. Andoque de Seriège, produit des céréales en assez grande quantité ; domaine riverain de la rivière l'Aude, sur lequel ce propriétaire a introduit de puissantes machines mues par la vapeur pour l'irrigation de ses propriétés.

La garance, le coton et diverses plantes industrielles et maraîchères, y sont depuis longtemps cultivées avec avantage. Ce domaine produit en outre environ 2,000 hect. de vin d'Aramont et 4,000 environ qui sont immédiatement convertis en eau-de-vie de divers degrés, conservée dans des réservoirs spéciaux, pour être livrée au commerce au fur et à mesure des demandes.

L'élevage des diverses espèces Bovines, Ovines, Porcines, y est pratiqué sur une assez grande échelle.

Le domaine de Moujan, appartenant au même propriétaire, est à 4 kilomètres de Narbonne ; il est situé au pied de la Clape. Ce domaine en voie de transformation possède 80 hectares de prairies naturelles ; il fournit aussi abondamment des fourrages artificiels et doit, sous très-peu d'années, produire 6,000 hect. de vin rouge des meilleurs crûs de Narbonne.

La Caforte, près Narbonne, propriété de M. de Beaux-Hostes, donne environ 800 hect. de vin, dont la plus grande partie de grosse couleur.

Colombel, commune d'Ouveillan, appartenant au même propriétaire, produit environ 600 hect. vins dits premiers ouveillans, rouges, brillants, délicats, prenant un bouquet très-agréable à l'âge de 18 mois, après 6 mois de bouteille.

L'abbé Vène, domicilié à Narbonne, possède dans la commune de Siran, canton d'Olonzac (Hérault), la propriété de la Martelle, distante de 2 kilomètres de Siran. Elle produit en moyenne 500 hect. vins rouges d'excellente qualité, très-alcooliques, de la Blanquette et du Tokai. Les cépages sont complantés sur un terrain rocailleux.

Cette propriété, sur laquelle on a fait d'importantes plantations ; produira dans 3 à 4 ans une moyenne de 12 à 1,500 hect. environ.

Le domaine Le Tapus appartient à M. Cauvet, avocat ; il produit 1,000 hect. environ.

Le Catourze Saint-Simon, appartenant à M. Laroque, produit environ 1,000 hect.

Le petit Catourze, appartenant à M. Escande, produit 1,000 hect. environ.

La campagne de Crabit appartient à M. Gairaud Xavier, elle produit annuellement en moyenne 2,000 hect. environ.

La campagne de Levitte, appartenant à M. de Martrin, président de la société d'agriculture de l'Aude, produit 1,500 hect. environ.

La campagne de Missioulis appartient à M. Rozier ; elle produit en moyenne 800 hect.

Le domaine de Capitoul, à M. Rivière, produit 1,500 hect. environ.

La campagne Boutes, appartenant à M. de Guy, produit 3,000 hect. environ.

La campagne de Bougna appartient à M. Rossignol ; elle produit 2,000 hect. environ.

La campagne de La Mothe appartient à MM. Cousse et Garcie ; elle produit en moyenne 5,000 hect. environ bonne qualité.

La campagne de Langil appartient à M. Vié-Anduze ; elle produit en moyenne 1,000 hect.

Commune de Névian

A 22 kilom. de Narbonne et à 3 kilom. de la gare
de Marcorignan.

—

Le Carignan est le principal cépage de cette
commune.

Les principaux propriétaires sont :

MM.

Pierre Paul, récolte, 2,000 hect. dont 1,000
1re qualité, et 1,000 2e qualité; Bruguière, 2,000
hect. dont 800 1re qualité, et 1,200 2e qualité ;
Bruguière Sébastien, 1,000 hect. dont 600 1re qualité et 400 2e qualité ; Fabre Auguste, négociant
commissionnaire, 600 hect. dont 400 1re qualité, et
200 2e qualité ; Miquel Aphonse, 600 hect. dont
200 1re qualité et 400 2e qualité ; Azeau Louis,
400 2e qualité ; Ribescaute Séverin, 400 2e qualité;
Maillac Alexandre, 400 hect. dont 300 1re qualité
et 100 2e qualité ; Piquet Dauphin, 300 hect. dont
200 1re qualité et 100 2e qualité ; Miquet Michel,
500 hect. dont 300 1re qualité et 200 2e qualité ;
Sarbezy François, 400 hect. dont 200 1re qualité et
200 2e qualité; Alberny Olympiade, 300 hect. dont
150 1re qualité et 150 2e qualité ; Prouchet Jules,

200 hect. 1re qualité, 13 degrés alcool ; Agel Gabriel, 200 hect. 1re qualité, 13 degrés alcool ; Agel Pierre, 200 hect. 1re qualité ; 13 degrés alcool, Dellon Jean, 200 hect. 1re qualité, 13 degrés alcool ; François Bruguière, 200 hect. 1re qualité ; Andrieu Michel, 200 hect. 1re qualité.

La production approximative de cette commune s'élève à environ 25,000 hectolitres par année moyenne.

Commune de Peyriac de Mer

A 12 kilom. de Narbonne et 12 du Port de la Nouvelle.

Les principaux Cépages de cette localité sont le Carignan et en moindre partie le Grenache.

Une grande partie des vignobles sont complantés sur des côtaux produisant des vins qui sont livrés à la consommation directe. La majeure partie des vins de cette commune servent depuis quelques années aux coupage de ceux de la vallée de l'Aude.

Principaux Propriétaires.

MM.

Fauré Hippolyte récolte 5,000 hect., Sahut Emile, 3,000 ; Vᵉ Fabre Alexis, 1,500 ; Cavalier Joseph, 1,200 ; Vᵉ Sabatié, 1,000 ; Boinnes Auguste, 1,000 ; Salles Dieudonné, 1.000.

On compte facilement 20 propriétaires récoltant de 5 à 800 hectolitres.

Nous avons parcouru la propriété de M. Arnaud. Cette importante propriété se compose de trois domaines distincts dénommés ainsi qu'il suit : 1º Ste-Eugénie, à 5 kilom. du village ; les Pigeonniers à 5 kil. de Peyriac. Ces domaines réunis ne forment qu'une même exploitation.

Nous sommes heureux, après avoir visité cette immense propriété, de pouvoir dire que les soins que M. Arnaud y apporte la classent parmi les plus importantes du département de l'Aude.

D'ailleurs, comment pourrait-il en être autrement lorsque cet habile propriétaire marche de concert avec l'habile et intelligent agriculteur M. Henri Marès, membre de la Société d'agriculture de l'Hérault.

Commune de Peysset.

A 12 kilom. de Narbonne, 7 de la gare de Marcorignan.

Les vins de cette localité sont produits presqu'en totalité par les garrigues qui composent son terroir ; ils sont excellents pour le commerce.

Principaux Propriétaires.

MM.

Vᵉ Biannet récolte 4,000 hect. vin rouge ; Marly Pierre, 1,200 ; Loque Eugène, 1,200 ; Bourdel François, 1,200 ; Bourdel Pierre, 1,200 ; Delom Pierre, 1,200 ; Dugendre Pierre, 1,000 ; Bourdel Auguste, 600.

Commune de Saint-Marcel.

A 12 kilomètres de Narbonne, 2 de la gare de Marcorignan.

—

Les principaux cépages de cette localité sont le Carignan et le Grenache qui produisent d'excellents vins propres au commerce.

Principaux propriétaires.

MM.

Germain Thomas récolte 1,500 hect. 1re qualité et 800 2e qualité ; Agléé Thomas, 1,500 1re qualité, 800 2e qualité ; Pendriès Thomas, 500 1re qualité, 1,000 2e qualité ; Malaret Fernand, 2,000, 2e qualité ; Barro, 750 1re qualité, 750 2e qualité ; Dulcou Japhet, 1,200 2e qualité ; Prochet Frédéric, 1,000 1re qualité ; Ve de Lathenaye, 1,000 1re qualité ; Béral, 400 1re qualité, 200 2e qualité ; Dalcy Jacques, 500 1re qualité ; Foulquier Elie, 350 1re qualité, 350 2e qualité ; Niquin Alexandre, 700 2e qualité ; Niquin Alphonse, 200 1re qualité, 400 2e qualité ; Prochet Théodore, 450 1re qualité, 150 2e qualité ; Pendriès Xavier, 400 1re qualité, 200 2e qualité.

Commune de Saint-Nazaire

A 12 kilomètres de Narbonne, 6 de la gare de Marcorignan.

—

Les vins de cette commune se divisent en trois catégories, savoir : Les produits des Garrigues, ceux des côteaux et ceux de la plaine ; mélangés ensemble, on obtient une excellente 2e qualité.

Principaux propriétaires.

MM.

Bénézech, récolte 2,000 hect. 2e qualité ; Pech, 2,000 2e qualité ; Lebrau Auguste 2,000 2e qualité ; Antonin Étienne, 1,200 2e qualité ; Théron, 1,200 2e qualité ; Homs, 600 2e qualité ; Dougada, 500 2e qualité; Arnaud Sébastien, 500 2e qualité ; Ferrand, 400 2e qualité ; Canet, 300 1re qualité.

—

Commune de Salles

A 11 kilomètres de Narbonne.

—

Les principaux cépages de cette localité sont le Carignan, l'Aramont et le Terret.

Principaux propriétaires.

MM.

Tapié-Mengaud, récolte 9,000 hect. dont moitié
1ʳᵉ qualité ; et moitié 2ᵉ qualité ; Bello, 5,000 2ᵉ
qualité ; Daurel, juge d'instruction, 4,000 2ᵉ qualité ;
Azam, 2,000 2ᵉ qualité ; Castela, 2,000 2ᵉ qualité ; Delon, 1,500 2ᵉ qualité.

Divers propriétaires récoltent environ 4,000
hect. vin de 2ᵉ qualité.

Commune de Sigean

A 20 kilomètres de Narbonne, 6 du port de la Nouvelle.

Sous le rapport de la production, cette commune est une des plus importantes de ce canton
dont elle en est le chef-lieu. Elle produit en
moyenne de 28 à 30,000 hect. de vin de 1ʳᵉ et de
2ᵉ qualité pour le commerce.

Principaux propriétaires.

MM.

Le duc de Chabrand, récolte 5,000 hect. vin
rouge ; Razouls, 3,400 de 1ᵉʳ et 2ᵉ choix ; Angles,

2,000 belle seconde ; Peyre, 1,800 ; Berot, 1,500 ; Thiers, 1,200 , Rey, 1,200 ; Dessalle fils, 1,000 ; Fourcade, 1,000 ; Arnaud Pierre, 1,000 ; Pros, 1,000 ; Bélard Charles, 1,000 ; Talavigne Victor, 400 belle seconde.

M. de Martin, médecin à Narbonne, recueille annuellement dans ses vignes de Sigean du vin de Carignan et de Grenache, environ 2,000 hect.

M. Arnauld Malric récolte en moyenne 500 hec. vin rouge 1re qualité, provenant de diverses vignes situées en grande partie sur des côteaux ; la nature du plant se compose en général de l'Alicante.

Commune de Vinassan

A 7 kilomètres de Narbonne, 3 d'Arnissan.

Quoique peu importante, cette localité produit d'assez bons vins pour le commerce.

Principaux propriétaires.

MM.

Serre récolte 800 ; hect. vin rouge ; Fabre, 800 ; Birat, 600 ; Négrier, 200.

Le domaine de Marmollières appartient à M. le comte de Raymond ; il produit 5,500 hect. vin rouge, dont 2,000 proviennent des cépages le Carignan, le Grenache et le Mataro (cépage Espagnol), 1,000 de l'Aramont et 500 du Terret-Bourret.

Commune de Vintenacq

A 12 kilomètres de Narbonne, 6 1/2 de la gare de Marcorignan.

Les vins que cette commune produit se divisent en deux catégories : ceux destinés au commerce et ceux pour la consommation directe.

Les propriétaires que nous citons récoltent à la fois les deux qualités de vins que nous signalons.

Principaux propriétaires.

MM.

Seguy récolte 1,200 hect. vin rouge ; Espiau, 1,000 ; Dougada aîné, 1,000 ; Poncet, 1,000 ; Ournacq Pierre, 1,000.

DÉPARTEMENT

DE

L'HÉRAULT.

DÉPARTEMENT DE L'HÉRAULT.

Renseignements généraux.

La superficie du département de l'Hérault est inégale et montagneuse dans sa partie septentrionale, et, vers le Sud, elle offre des plaines qui s'inclinent vers la mer.

Sur la rive gauche de la rivière de l'Hérault d'où le département tire son nom, les montagnes sont peu élevées et composées de roches calcaires ; les plaines offrent des terres grasses et fertiles propres à tous les genres de culture. Sur la rive droite, les montagnes ont une élévation plus considérable, l'argile blanche est compacte, et les terrains calcaires y dominent. Entre les montagnes et la plaine, s'étend de l'Est à l'Ouest, dans toute l'étendue du département, une bande de terre pierreuse et graveleuse qui convient parfaitement à la culture de la vigne. Enfin, il existe aussi sur toute l'étendue du sol du département, de vastes terrains appelés *Garrigues*, nom que l'on donne

à des terrains secs, maigres et rocailleux, formés
surtout de grès rouge et de silex, occupant des
collines ou des plateaux plus ou moins élevés,
coupés, çà et là, par d'énormes rocs de roche vol-
canique, qui, il y a à peine quelques années encore, étaient réservés au paccage des troupeaux ;
ils étaient couverts d'arbustes, de petits chênes,
de bruyères, etc. Nous voyons aujourd'hui la presque totalité de ces terrains, autrefois incultes,
transformés par nos intelligents propriétaires, en
bons et beaux vignobles dont les produits sont
irréprochables.

En 1841, le sol se divisait, d'après sa nature,
en deux cent mille hectares du pays de bruyères
ou de landes, et cent dix-sept mille quatre cent
quatre-vingt dix-sept hectares de vigne ; mais les
habitants de ce pays étant généralement propriétaires et cultivateurs, il convient de dire que ces
nombres peuvent être intervertis, si l'on considère
surtout les défrichements qui ont eu lieu depuis
cette époque et qui se continuent toujours.

Parmi les importants produits du département,
les vins figurent en tête des principales productions agricoles ; ils sont généralement de bonne
qualité et très-estimés, notamment pour les mélanges. Ils est cependant bien à regretter que les vignerons de ces contrées ne procèdent pas à l'égard
de leur vin aussi intelligemment que ceux des
autres départements viticoles de la France, car
alors ils offriraient aux connaisseurs et aux consommateurs du Nord les meilleurs vins rouges et

blancs qu'il y eût en Europe. Une partie des vins
est consommée dans le pays, une autre convertie
dans les distilleries en eau-de-vie, dont les négociants du Nord ont depuis longtemps apprécié les
bonnes qualités; le reste, qui peut être évalué à
plusieurs millions d'hectolitres, est répandu en
France et à l'étranger.

Nous sommes heureux, dans notre impartialité,
de pouvoir mettre sous les yeux du lecteur :

1° L'extrait du *Bulletin de la Société d'encouragement pour l'industrie nationale*, du 5 juillet
1857, tome IV, 12e série N° 55, p. 496 ;

2° L'extrait du rapport de M. Jules Duval sur le
concours des vins, consigné dans le journal l'*Eco-
nomiste français*, 10 août 1862.

Extrait du *Bulletin de la Société d'Encourage-ment pour l'industrie nationale*.

« En 1856, une somme de 6,000 fr. a été con-
sacrée à récompenser les résultats d'un premier
concours, que la Société avait ouvert pour des
observations, des expériences, des recherches sur
l'origine et la marche de la maladie de la vigne,
sur sa nature intime, sur les effets obtenus par
l'emploi de divers moyens préventifs ou curatifs
appliqués à la combattre.

« Le compte-rendu des résultats du concours, en rapportant qu'un second concours avait été ouvert, faisait connaître que les personnes qui y ont pris part étaient nombreuses, que leurs travaux étaient l'objet d'un examen attentif, et que le Gouvernement s'était associé à la généreuse initiative de la Société, en ajoutant une somme de 7,000 fr. à celle de 3,000 fr. promise par le programme. En faisant donc un nouvel appel, la Société avait proposé à tous les concurrents anciens et nouveaux :

« 1° Un prix de 10,000 fr., qui serait celui du Gouvernement et de la Société, pour l'invention du moyen préventif ou destructeur le plus efficace pour la maladie de la vigne.

- « 2° Un prix de 3,000 francs pour l'auteur du meilleur travail sur la nature du redoutable fléau.

« 3° Des encouragements de 1,000 fr. et de 500 fr., montant ensemble à la somme de 6,000 fr. pour les meilleures expériences ou recherches sur la nature et la cause de la maladie, sur la propagation de l'oïdium, sur les moyens préventifs ou curatifs à employer, sur les appareils les plus propres à appliquer les procédés signalés, sur tous les faits, enfin, qui pourraient apporter des lumières nouvelles sur les diverses questions relatives à la terrible maladie.

« Les espérances de la Société ont été réalisées, et le conseil, après un examen attentif et approfondi des pièces du concours, décerne ;

« 1° Le prix de 10,000 fr. (7,000 fr. du Gouvernement et 5,000 de la Société), donné pour l'invention du moyen préventif ou destructeur le plus efficace pour la maladie de la vigne à MM. Kile, Duchartre, Gontier et Marès, qui recevront chacun 2,500 fr. ;

« 2° Le prix de 5,000 fr., pour le meilleur travail sur la nature de la maladie qui attaque la vigne, à M. Marès, etc.

« C'est l'Angleterre qui a inoculé la maladie de la vigne à l'Europe ; mais, chose remarquable ! c'est aussi en Angleterre que le mal a été étudié par M. Berkeley, et c'est encore dans ce pays où le mal a pris naissance, que M. Kyle a découvert le moyen efficace de le combattre. La Société d'Encouragement a voulu récompenser exceptionnellement M. Kile, en lui décernant une médaille d'or de 500 fr., outre la part qui lui a été attribuée dans le prix de 10,000 fr., fondé à la fois par le Gouvernement et par la Société.

Exposition Universelle.

DE LONDRES.

PREMIÈRE SUBDIVISION : LES VINS.

« Les vins étant la partie la plus importante du Concour, car ils ne remplissent pas moins de 12

à 15,000 bouteilles, le Jury s'est adjoint un comité
d'experts dégustateurs, conformément aux précé-
dents établis en France lors de l'Exposition universelle de Paris en 1855 et de l'Exposition nationale
agricole en 1860. Ces experts, dont la compétence
a été aussi précieuse que la collaboration persévé-
rante et désintéressée, ont été :

« 1º MM. Charles Hesse-Cock, négociants en
vins à Londres ; 2º Robert Wooq ; 3º Charles Ellis,
courtier en vins à Londres ; 4º Cuvillier Louis,
négociant en vins à Paris ; 5º Balmont Emile,
négociant en vins à Paris ; Merman, courtier en
vins à Bordeaux.

« C'est un devoir pour le rapporteur de consi-
gner ici les services rendus en cette occasion à la
viticulture française par des experts français, et
particulièrement par M. Cuvillier, qui s'est dévoué
avec tout le zèle d'un Juré à la fonction qu'il avait
acceptée.

§ Ier. *Vins de France*.

« L'espoir des relations à nouer avec l'Angleterre, en vertu du récent traité de commerce,
s'était joint au patriotisme et à une noble ambition
pour amener au Concours tous les vignobles français de grand renom et un grand nombre de vignobles secondaires. Plus de 50 départements y avaient
pris part ; quelques crûs manquaient cependant à
l'appel, mais en petite minorité.

« L'extrême variété de richesses de cet ordre

que possède la France eût été mieux appréciée du public, si les caves, placées à la portée de l'Exposition et garnies de milliers de bouteilles de toutes formes et de toutes dimensions, eussent été accessibles aux visiteurs. Néanmoins, une bonne impression a été produite par les étalages des bouteilles et les spécimens de vignes placés dans les galeries agricoles de l'exposition, et beaucoup de négociants anglais ont été mis en mesure, par les soins des exposants, de s'initier à la connaissance de produits qui leur étaient moins familiers que les similaires de Portugal et d'Espagne, connus sous le nom de *British* Wines ; une qualification que le Jury a refusé de consacrer, dans la conviction que les vins de France, d'Allemagne, d'Italie y auront droit prochainement.

« Le département de l'Hérault a présenté l'innovation la plus hardie peut-être et la mieux réussie de toute la viticulture française : c'est l'entreprise tentée par M. BERTRAND aîné, propriétaire à Béziers, d'obtenir dans les vignobles du Midi les vins naturels pareils pour le goût et entièrement égaux pour la qualité aux meilleurs vins de Portugal, d'Espagne et du Levant ; entreprise entièrement différente de la simple imitation des vins de ces contrées, qui est devenue une importante industrie pour la ville de Cette.

« M. Bertrand a soumis au Jury des spécimens des vins suivants : Porto doux, Madère sec, Madère doux, Xérès doux, Alicante, Chypre, Picardan. Il ne dissimule pas, du reste, dans ses ventes, la véritable origine de ses vins ; il en tire honneur, au contraire, donnant ainsi l'exemple de la concurrence des produits similiaires loyalement exercée. Le Jury a récompensé d'une médaille cette curieuse et intéressante imitation, qui s'appuie exclusivement sur le choix des cépages, sur les soins apportés tant à la récolte qu'aux manipulations, et qui atteint son but : l'identité de couleur, de saveur et d'arome, avec les types pris pour modèles. La consécration du bénéfice commercial lui manque encore, mais M. Bertrand l'espère pour un temps peu éloigné. »

M. Bertrand aîné, de Béziers, propriétaire dans les cantons de Béziers et de Pézenas (Hérault), possède un domaine, dans la commune de Caux, de 25 hectares de vigne. Ce vignoble est situé sur un sol calcaire, granitique et siliceux ; il forme un plateau appelé *Sallèles*, où le soleil, en se levant, frappe les souches et ne les quitte que quand il a disparu à l'horizon le plus lointain. Ces vins distingués sont connus sous le nom de *Vins Bertrand*, ils ont obtenu, depuis l'exposition de 1860, sept médailles et autres récompenses, savoir :

1er prix, exposition du mois de mai 1860 à Montpellier ; il a également obtenu, un 1er prix, médaille d'or au Concours, à l'Exposition générale et nationale, juin 1860, à Paris ; — le 1er prix pour les vins, Médaille de 1re classe, grand module, à l'exposition Universelle de Besançon, en 1860 ; — Médaille d'honneur de 1re classe en or, grand module, décernée par l'Académie Nationale agricole en 1861, en récompense des premiers prix obtenus par l'exposant, dans l'année 1860 ; Médaille 1er prix pour les vins naturels de liqueur, à l'exposition de Marseille en 1861 ; — Prix unique pour son vinaigre de vin de Madère à l'exposition régionale de Perpignan, 11 mai 1862 ; — 1re Médaille à l'exposition Universelle de Londres, en 1862, avec un rapport spécial sur la richesse des produits précités.

Le jury international, composé des premiers dégustateurs de l'univers, qui avaient été choisis pour cette opération laborieuse et délicate, a demandé une récompense supérieure à une médaille pour M. Bertrand aîné, des Balances.

Le jury que le Gouvernement français a envoyé à cette Exposition universelle, composé de plus de cent membres de ses académies les plus savantes, chargé d'examiner tous les rapports faits à Londres, touchant les exposants français, a confirmé les termes du rapport international et a demandé à l'unanimité pour M. Bertrand, encore une récompense supérieure au Gouvernement français.

Nous reproduisons ici en l'extrayant du journal le *Siècle,* le compte-rendu de la séance annuelle de l'Académie nationale, tenue le 17 mars 1863, à la grande salle de Saint-Jean à l'Hôtel-de-Ville de Paris, où se trouvaient réunies plus de huit mille personnes.

Dans notre impartialité, nous avons cru bien faire en reproduisant cet article dans lequel

M. Bertrand est cité comme un viticulteur hors-ligne.

C'était la séance publique et la fête de famille annuelle d'une Société qui dure depuis 32 ans, qui compte deux mille membres en France et à l'Etranger ; qui a pour Présidents et pour Vice-Présidents, des Gentilhommes, de très riches Propriétaires, non point à cause de leurs titres, mais à cause de leur mérite et de leur utilité, qui fonde des prix et les distribue en des concours sérieux, bien disputés, bien jugés, qui depuis sa naissance a signalé, manifesté et honoré plus de quinze mille personnes ; qui, rien qu'à Londres, l'année passée, comptait 370 exposants de chez elle, sur lesquels quatre ont été faits Officiers et treize Chevaliers de la Légion-d'Honneur, en outre de 162 médailles et de 84 mentions.

Et, bien qu'il soit facile d'en faire partie, étant homme honnête et libre, on aurait tort de croire qu'elle jette au hasard ses médailles de bronze égalitaires et donne son diplôme d'honneur au premier venu.

En consultant le dernier cahier de récompenses qu'elle a décernées cette année, on voit à qui est échue cette modeste feuille de papier historiée qui s'appelle le diplôme d'honneur ; on y lit des noms d'écrivains agronomes, tels que le marquis d'Andelarre, Calemard de Lafayette, Duchâtelier, Ramon de la Sagra, à Haas ; de reproducteurs et inventeurs agricoles comme Guérin-Méneville, directeur du jardin d'acclimatation, comte de Pour-

talès, Bella, directeur de l'école nationale de Gri-
gnon, Clamagereau, Boutton-l'Evêque, Malingrié-
Nourrigat ; de viticulteurs ardents, hardis comme
Bertrand aîné, des Balances, et Blanc-Montbrun
(de la Rolière), qui vont faire que la France n'aura
plus besoin des vins d'Espagne ; ou sagement con-
servateurs comme le comte de Léger Bel-Air et le
comte de la Loyère, deux lumières de notre Bour-
gogne, etc.

Nous sommes heureux de pouvoir mettre sous
les yeux de nos lecteurs la copie textuelle du
diplôme d'honneur décerné à M. Bertrand aîné,
des Balances, propriétaire à Béziers, par l'Académie Nationale siégeant à Paris, en considération
des immenses services rendus à la viticulture française.

*L'Académie Nationale, Agricole, Manufacturière
et Commerciale, comme expression* DE SA PLUS
HAUTE ESTIME, *comme témoignage de la reconnaissance publique, et comme titre de* SA PLUS HAUTE
RÉCOMPENSE, *lui a décerné en assemblée générale,
tenue à l'Hôtel-de-Ville de Paris,* CE DIPLÔME
D'HONNEUR, *uniquement réservé aux hommes d'élite
qui, par leur savoir et leurs travaux, contribuent à
la gloire et à la prospérité de leur pays.*

École d'Agriculture.

Le département de l'Hérault ne possède pas

encore une École centrale d'agriculture. La fonda-
tion d'un établissement de ce genre serait de la
plus grande importance pour les intérêts agricoles
du Midi. Afin de faire atteindre ce but, un premier
élan a été donné par M Bertrand aîné, des Balances, propriétaire à Béziers, qui, pour la création
de l'École précitée, a fait une donation de 25,000 fr.
au département de l'Hérault, comme le constate la
lettre suivante adressée à M. le Préfet :

Monsieur,

Arrivé à l'âge de soixante-cinq ans, et étant sur
la fin de ma carrière, je voudrais faire profiter le
département de l'expérience que j'ai acquise pendant 25 années de travail dans la production des
vins ; cette production, en effet, est la source principale de la richesse de l'Hérault et j'ai la conviction qu'on pourrait la développer encore.

Le département se livre à peu près uniquement
à la culture des vins communs ; mais il a une
variété de terroir et une richesse de soleil qui
permettrait d'en embrasser d'autres, de cette
manière, il offrirait aux acheteurs la faculté de
faire des approvisionnements plus complets et il
attirerait un plus grand nombre de clients, dont
la multiplicité même favoriserait le débit des vins
de la qualité la plus ordinaire.

Indépendamment des *Muscats*, dont la mode
par un caprice injuste s'est éloignée aujourd'hui,
diverses qualités de vins fins ont été essayés avec
succès par diverses personnes, accidentellement et

sur une petite échelle ; ayant repris ces tentatives
pour mon compte, en y consacrant une notable
partie de mes vignobles pendant une suite d'années, et en y donnant mes soins assidus, je suis
parvenu à produire plusieurs variétés de vins liquoreux dont la supériorité a été constatée par les
récompenses qu'elles ont obtenues dans de nombreuses expositions.

Si je cite le succès de mes efforts, c'est uniquement pour établir cette proposition, qu'il serait
facile de produire dans l'Hérault les vins supérieurs, en même temps que les vins communs.

Dans cette conviction, je voudrais provoquer
l'Etablissement d'une Ecole de viticulture, où les
vignerons de différents cantons du département se
familiariseraient avec la connaissance des cépages
les plus renommés, tant en France qu'à l'Etranger
pour la production du vin fin de toute nature et
où ils apprendraient la manière de traiter la vigne
et le vin ; l'établissement de cette école exigerait
une certaine somme à laquelle il est possible que
le département et les principaux propriétaires ne
refuseraient pas leur concours ; l'exemple d'un
citoyen même obscur comme moi, pourra peut-
être servir d'encouragement, et c'est dans cette
pensée que j'ai l'honneur de vous informer que je
fais donation, dès ce jour, de la somme de 25,000
francs qui sera portée dans mon testament, can-
tonnée sur mon domaine de Sallèles, commune de
Caux, canton de Pézenas.

Dans tous les cas, si Dieu me laisse en ce

monde, la somme de 25,000 francs serait payable dans le courant de l'année 1868 ; j'y mets la condition que cet établissement soit situé dans la commune de Béziers où je suis né.

Je suis prêt, Monsieur le Préfet, à passer tel acte authentique que vous jugerez convenable, conformément à ce que je viens d'avoir l'honneur de vous exposer.

C'est dans ces sentiments que j'ai l'honneur d'être, Monsieur le Préfet, votre très-humble et très-dévoué administré.

Signé : BERTRAND aîné,

DES BALANCES.

Propriétaire, ancien Conseiller municipal de la ville de Béziers,

Nous devons un témoignage de reconnaissance à la mémoire de M. Bertrand aîné des Balances propriétaire à Béziers, pour l'établissement d'une Ecole de viticulture dans le département de l'Hérault par le don qu'il avait promis par sa lettre à M. le Préfet. Le département est heureux de saisir cette occasion pour le remercier de sa généreuse initiative qui a si bien contribué à apporter de si grands avantages à développer la culture des cépages les plus renommés tant en France qu'à l'Etranger.

Commune d'Abeilhan.

A 12 kilomètres de Béziers et 2 de Servian.

—

Les vins de cette localité peuvent en partie aller à la consommation directe, le commerce peut aussi s'y approvisionner de la manière la plus convenable.

Les principaux Propriétaires sont :

MM.

Taix Bouchard, (campagne du Peyras), Béraud, Guiraud, Pradine, Gouroux Frédéric, Bousquet frères.

Commune d'Agde

A 33 kilomètres de Béziers, 6 kilomètres de Bessan, 7 kilomètres de Marseillan, 4 kilomètres de Vias. 8 kilomètres de Florensac et 3 kilomètres de la mer.

—

Pour se rendre un compte exact de la production de cette commune, il faut, comme nous, en avoir parcouru le terroir et examiné les planta-

tions nouvelles qui se sont faites sans discontinua-
tion, depuis quelques années. Un fait que nous
aimons à signaler, et qui prouve que MM. les propriétaires ont compris qu'il ne fallait point rester
éternellement dans l'ornière, c'est que là, comme
dans la plus grande partie des communes du
département de l'Hérault, la disposition des cépages est faite de manière à remédier au manque de
bras, lorsque les travaux de la vigne nécessitent
des armées de travailleurs auxquels on substitue la
charrue.

Les vignobles de cette localité sont généralement situés au Nord et au Nord-Est de la ville ;
ils produisent en moyenne cent mille hectolitres
de vin rouge dont la plus grande partie peut être
livrée au commerce.

Agde possède deux importantes distilleries
appartenant à MM. Laffon et Carriès Emile. Ces
deux Etablissements peuvent ensemble livrer tous
les ans au commerce, une moyenne de cent pièces
de 3|6 de marc ordinaire, et cent soixante pièces
de 3|6 de marc bon goût.

Noms de MM. les Propriétaires.

MM.

De Racas (campagne Mourant), récolte 2,800
hect. vin rouge ; veuve Etienne (camp. Grange-
Rouge), 2,800 ; Mlle Durand (campagne Gauzy),
2,100 ; Salvat de Christophe, 1,400 ; de Sarret,

3,000 ; Colomb (campagne Saint-Michel), 1,100 ;
Cruzillac (campagne Parguet), 2,100 ; Mestre
(campagne Maraval), 2,100 ; Chauvet (campagne
Chatou de Saint-Martin), 2,100 , Lepelletier des
Ravinières (campagne des Sépt-Fonts), 2,100 ;
Thevenot (campagne Fabre), 2,100 , Bastide récol-
tera dans deux ans 3,500 ; Romiau Armand
récolte 1,750 ; Lachaux Victor, 1,400 ; Sicard
(campagne Sicard), 1,400 ; Lignon, 1,400 ;
Coronne aîné, 1,050 ; Cannet (campagne Baldi),
1,050 ; Reclers (campagne Jean Doby), 1,050 ;
Jaume (campagne Reynaud), 1,050 ; Coste-Floret,
1,000 ; Fournier (campagne Saint-Jean), 1,050 ;
Valesque (campagne Pradier), 700 , Fallet, 700 ;
Laurent Higounenc fils, 560 ; de Revellat, 560 ;
Maffre cadet, 420 ; veuve Carrière, 420; Reveille,
420 ; Lugagne, 420 ; Gounenc, 420 ; Mallet
Bernard, 420 ; Arnaud Hippolite, 420 ; Mlle
Audouard, 420 ; A. Bousquet (campagne Bati-
pomme), 1,400 ; Bringues, 350 ; Lagarde, 350 ;
Blachas père, 350 ; Bellonet, 350 ; Roux Céles-
tin, 350 ; Coste Balthazar, 350 ; Robert, 350 ;
Delièze, 330 ; Birot, 350 ; Fanjaux, 350 ; Cassan,
350 ; Fulcrand, 350.

Commune d'Alignan du vent.

A 21 kilom. de Béziers et 6 de Servian.

Bons vins pour le commerce. Les principaux propriétaires sont :

MM. Crozals ; Eustache, médecin ; les frères Lenthéric ; Borie, récoltant en moyenne 600 hectolitres vin rouge.

Commune de Bessan.

Cette localité est située à 22 kilomètres de Béziers, 7 kilomètres d'Agde, 6 de Vias et 6 de Marseillan. Elle est actuellement desservie par le chemin de fer d'Agde à Clermont-l'Hérault, ce qui lui facilite on ne peut mieux les moyens de transport.

Les produits vinicoles de Bessan sont importants, car la quantité moyenne de la récolte s'élève à environ cent soixante-dix mille hectolitres de vins rouges, légers, propres au Commerce.

Les cépages consistent en Murillo, Terret-Bourret blanc et Aramont, composant la plus grande partie des nouvelles plantations.

Noms de MM. les Propriétaires.

MM.

De Ricard récolte 14.000 hectolitres vin rouge; de Jacomel, 12,600; Amalou, 10,500; Mme de Brignac, 2,800; Mme Belpel, 2,800; baron de Sarret Emmanuel, 2,800; de Cassagne, 6,300; le comte de Pina, 2,800; Diogène Aubin, 2,100; Aubin Prosper, 2,100; Redon Magloire, 2,100; Challiès, 2,100; Sicart, 1,750; Bonnet, notaire, 1,400; Fournier Docteur, 1,400; Daurel frères, 1,400; Mlle Gironnet, 1,050; Andrieu, 1,050; Guerre frères, 1,050; Barral, 1,050; Mlle Martin, 1,750, Guiou, (agréé), 700; Roqueblave Jean, 700; Azéma de Montgravier, 700; Vidal Emile, 700; Toudu, 700; André, maréchal-ferrant, 700; Thory aîné, 700; Thory jeune Gabriel, 700; Haibran, pharmacien, 700; Martin Célestin, 560; Malafosse Théodore, 560; Charot Stanislas, 560; Clapiés Pierre, 560; veuve Cannet, 490; Redon aîné, 490; Mole aîné, 420; Mole Charles, 420; Redon Joseph, 420; Clapiés Antoine, 420; Coste Simon, 420; Teyssere, 420; Vidal Antoine,

Vidal François, 420; Mascon, instituteur, 420, 350; Thomas aîné, 350; Thomas Jeune, 350; Charrot Justinien, 350.

MAISON JALABERT,

NÉGOCIANT ET PROPRIÉTAIRE.

A BESSAN (Hérault).

Fabrique de Liqueurs de toute espèce : Extrait d'Absinthe, Vermouth, Bitter, Kirsch, Sirop, etc., Entrepôt de Rhum, Cognac, Vins fins et étrangers, Spécialité de Vins et Eaux-de-vie du Languedoc.

La confiance que cette Maison s'est acquise par les bons produits qu'elle livre à la consommation, l'a classée depuis longtemps au premier rang de celles du département.

Commune de Béziers.

Les environs de Béziers sont constitués par des terrains divers ; aussi, suivant la nature de ces derniers, trouve-t-on dans cette commune des qualités de vins correspondant à la nature du sol.

Il est à noter que ceux-là tendent à devenir

meilleurs par l'effet du progrès viticole qui a apporté des modifications avantageuses dans les modes de culture, le choix des cépages, etc. On est d'autant plus en droit d'espérer pour l'avenir des produits supérieurs, que dans les environs de Béziers la propriété territoriale est très divisée, et que les grandes propriétés étant moins nombreuses qu'ailleurs, le petit propriétaire peut, cultivateur lui-même, bien soigner ses vignes, les travailler en temps convenable, cueillir ses raisins en temps opportun, etc.... Aussi on peut avoir la certitude que Béziers, le centre le plus important du commerce de l'Hérault, ne reste pas en arrière, et que ses produits égalent par leurs qualités ceux des autres contrées du département.

Un grand nombre des principaux propriétaires des vignobles les plus vastes de l'arrondissement de Béziers, habitent cette dernière ville.

Noms de MM. les Propriétaires.

MM.

Genson, frères; de Bès; Benet Louis; Mandeville; Lugagne, rue Montmorency; Pradal; Fabrégat aîné, rue Mayran; Galabrun Victor, Jossan; d'Aureillan Hercule; Noguier, avocat; Hérisson; de Massias; Andoque Eugène; Soudan Jules; de Lirou; de Ginestet; Jauson; Fayet; Belaud Henri, rue de la Promenade; Fraisse cadet, rue de la Promenade; Meillé de la Barthe; Gély Joseph; veuve Biget; de Rigaud; Singla Henri; de Portalon aîné; de Portalon jeune; veuve Bouttes; veuve Casse; Fabre Ernest; Dupin; Marquise de Villeneuve, rue Française; Laguarrigue père; Massot François; Durivage; de Cassagne; Andoque Alexandre, place Saint-Félix; de Montagne; Mas; Coste, place de la Madeleine; de Montfort, Guibert-Roubès, rue du Chapeau-Rouge; Miquel-Soulié, rue du Faucon, récolte 2,000 hectolitres vin rouge et blanc, récoltera dans deux ans 5,000 hect.; de Sufren, Vincentis; Sahuc de Mus, rue des Récollets; Sabatier Elzéar; Brousse, rue des Balances; Azaïs-Mandeville, Descente-de-la-Citadelle; veuve Bessières; Biscaye frères, place de l'Hôtel-de-Ville; Mandeville, médecin, place du Capus; Sugiet, Jauson Alexandre; Belaud Alphonse; Flourens père, rue des Prêtres; Reboul-Coste, rue Ancienne-Comédie; Sallètes, place Saint-Nazaire; Biennefai; Salvau Etienne, place du Puits-Couvert; Fabrégat, rue Bonzy, récolte au domaine de Saint-Louis 1,050 hect. Tarbouriech, rue Saint-Louis; Vidal Octavien, rue de la Tour; Théveneau Urbain, place d'Orléans; Suchet Félix, rue des Bains; de Maintenon, idem.; Coste Félix, rue Sainte-Catherine; Alpinet, rue Lespignan; Suchet Jean, rue Sainte-Aphrodise; Tudié, rue Libes; Coste Frédéric, rue Notairie; Gélibert, vicaire rue Font-de-Maury; Chavernac frères; de Saussine, récolte 6,000 hect. vin rouge; Crozals; d'Orcène; Andrieu; Bonnet; Favre, président du Tribunal; de Chauliac; d'Oreillan; Mme Causse; Couronne.

Commune de Boisseron.

Canton de Lunel.

—

Cette commune, quoique peu importante par sa population, n'en produit pas moins de bons vins de table. Nous avons cru bien faire, en indiquant les noms des propriétaires à MM. les négociants, de leur faciliter les achats en désignant par les mots *supérieurs, bonne, moyenne*, les qualités de vin que les propriéraires récoltent.

Principaux propriétaires.

MM.

Sue Etienne, récolte 450 hectolitres dont 150 qualité supérieure, 150 bonne, 150 moyenne.

Hyacinthe César, récolte 300 hectolitres dont 200 qualité supérieure et 100 bonne.

Sillol Alfred, récolte 1,400 hectolitres dont 300 qualité supérieure, 600 bonne et 500 moyenne.

Griolet Ernest (mas de Théron), récolte, 2,100 hectolitres dont 300 qualité supérieure, 600 bonne et 500 moyenne.

Favas Jean, récolte 350 hectolitres dont 100 qualité supérieure, 150 bonne et 100 moyenne.

Jeanjean François, récolte 350 hectolitres dont 200 qualité supérieure, 100 bonne et 50 moyenne.

Aymar Joseph, récolte 350 hectolitres dont 100 qualité supérieure, 200 bonne et 50 moyenne.

Méjean Jean, récolte 280 hectolitres dont 200 qualité supérieure et 80 bonne.

Planchénault Henri, récolte 250 hectolitres dont 200 qualité supérieure et 50 bonne.

Jeanjean Joseph, récolte 250 hectolitres dont 150 qualité supérieure, 50 bonne et 50 moyenne.

Jeanjean Louis, récolte 200 hectolitres dont 50 qualité supérieure et 150 bonne.

Théron Laurent, récolte 150 hectolitres dont 50 qualité supérieure, 50 bonne et 50 moyenne.

Théron François, récolte 150 hectolitres dont 100 qualité supérieure et 50 bonne.

Les principaux propriétaires de cette commune récoltent donc 6,580 hectolitres de vin dont 2,300 qualité supérieure, 2,730 bonne et 1,550 moyenne.

Commune de Capestang.

A 15 kilomètres de Béziers.

Capestang, situé sur le canal du Midi, est à une distance de 8 kilomètres de Montady, 8 kilomètres de Quarante et 5 de Puisserguier. Les vins que cette commune expédie à Bordeaux, Cette, Montpellier et le nord de la France, sont transportés à Nissan, station du chemin de fer du Midi ; son terroir se compose en grande partie de côteaux dont la belle position leur permet de produire du vin rouge dont on se sert généralement pour les coupages ; ces vins remarquables, tout aussi bien par leur couleur que par leurs qualités vineuses, les font activement rechercher par le commerce ; les vins de qualité supérieure qui s'expédient beaucoup en Italie, à Paris et à Bordeaux, sont remarquables par leur rouge brillant, leur bon goût et leur aptitude à supporter le transport qui les bonifie d'une manière surprenante. En les dégustant, il nous a été permis de remarquer que leur bon goût, leur fraîcheur pouvaient les faire assimiler au Bordeaux dont il ne leur manque que le bouquet. La production de cette commune qui s'élève en moyenne à deux cent cinquante mille hectolitres, la fait classer au premier rang de celles du département de l'Hérault.

Après avoir parcouru les campagnes de M. Crozals, la campagne de Silicat à M. de Berre ; celle du Bosc à M. Tudié ; celle de Laboulet à M. Jaussan ; celle de Font-Couverte, à M. Andoque, et enfin celle de MM. Mirabel, Mandeville, Fabre, Babou, de Mme veuve Causse, il nous a été permis de nous rendre un compte à peu près exact des riches produits viticoles de Capestang qui voit disparaitre ses produits presqu'immédiatement après la récolte.

Les propriétaires de Capestang sont intelligents et s'occupent activement des soins que nécessitent leurs produits ; pendant notre séjour dans cette localité, nous avons visité la cave de M. Aimé Labattut, propriétaire et négociant. Nous avons dégusté de l'Alicante et du Piquepoul, que produit une de ses propriétés admirablement bien exposée au midi ; hâtons nous de dire que ces vins sont de qualité supérieure.

Nous regrettons beaucoup de n'avoir pu visiter la cave de M. Lartigue qu'on nous a signalée comme une des plus importantes de Capestang.

Cette commune possède quatre distilleries, appartenant à MM. Lartigue, Castres, Guarinz et Ferret ; elles produisent ensemble 25 hectolitres environ par 24 heures.

Nous signalons aussi au commerce, les fabriques de MM. Crozals, Belaud, Jossan, celle de la campagne du Bosc, à M. Tudié, et celle de la Canague à M. Miquel ; cette dernière peut livrer au Commerce environ 35 hectolitres par jour.

Noms des principaux propriétaires.

MM.

De Berre, récolte 7,000 hectolitres vin rouge ; Miquel jeune, 7,000 (domaine de la Canague), et 8 hect. Tokai ; Tudié, 5,600 (campagne du Bocs) ; de Portalon Hippolyte, 4,500 (domaine de Saustre) ; Andoque, 4,000 ; Texier, 4,900 rouge et 6 hect. Tokay ; Belaud, 3,500 ; Chuchet Antoine, de Montady, propriétaire des domaines de Saint-Jean-de-Tassan-la-Canague, 3,000 hect. vin rouge, 12 hect. Tokai ; veuve Causse, 5,000 ; Lartigue Camille, 7,000 ; Crozals, 8,500 ; Huc Ferdinand, 2,100 ; Aimé Amans, 3,000 ; Bady, 3,000 (domaine de Labastide) ; de Gineste, 1,400 ; Planès André, 2,000 ; Latapie Raymond, 2,400 (domaine de Labastide) ; Jaussan, 10,000 ; Vidal, 1,400 ; Soulèze cadet, 4,000 ; Mandeville, 2,000 ; Babou, 2,800 ; demoiselles Tastavin, 3,500 (domaine de Labustide) ; Bernard, 1050 ; veuve Biget, 8,000 ; Bringer Esprit père, 2,000 ; d'Anderie, 3,800 ; Givernis Bazile, 2,800 ; Bouillet, 2,100 ; Pagès Bazile, 2,000 ; Mirabel Alexandre, 1,500 ; Mirabel Lucien, 1,500 ; Castres Constant, 1,500 ; Rouch Jacques, 1,400 ; Bessière Louis, 1,400 ; Villebrun, 1,400 ; Taillefer Alexandre, 1,400 ; Bringer Antoine, 1,400 ; Fabre, 1,400 ; Tarbouriech père et fils, 1,400 ; Peyre, médecin, 1,200 ; Massot Jean, 1,050 ; Forestier Pierre, 1,050 ; Taillefer George, 1,050 ; Théron Pierre, 1,000 ; Tessier Marcel, 800 ; Tessier Hilaire, de Creissan, 1,050 ; Guillaume Maurice, 800 ; Rivière Bruno, 800 ; Pélegry Joseph, 800 ; Raymond Jean, 800 ; Raymond Antoine, 800 ; Pézet, 700 ; Dieulafé Ferdinand, 700 ; Priou Pierre, 700 ; Bascoul cadet, 600 ; Mondies Antoine, 600 ; Cros Louis dit Migou, 500 ; Pigot fils, 300 ; Pech Antoine, fabricant de tartre, 350.

Commune de Causses et Veyran

Située à 20 kilomètres de Béziers.

Cette localité produit des vins assez foncés en

couleur, alcooliques et d'une vinosité remarquable. La variété des cépages, leur exposition, la mise en pratique de la culture moderne, font que les vins de Causses et Veyran sont recherchés par le commerce.

Ces vins, généralement bons pour la table, ne s'emploient pas pour les coupages, et à peine si une minime partie va à la distillerie.

Noms des propriétaires les plus importants.

MM

Graniér, récolte 800 hect. vin rouge ; Pézet Martial, 700 ; Pézet Joseph, 500 ; Pézet jeune 350.

Commune de Cazedarnes.

Si cette petite localité produit des vins de qualité supérieure, d'une couleur foncée que le commerce recherche et dont il se sert avantageusement pour les coupages, il ne faut attribuer cette bonne production qu'à la situation des vignobles plantés généralement dans les Garrigues. Hâtons-nous de dire que ces vins peuvent être classés parmi les plus beaux du Midi.

Aussi, nous n'avons certes pas été étonné, qu'à l'exposition qui eut lieu à Montpellier en 1860, lors du concours régional, la commune de Cazedarnes, en la personne de M. Jean, ait obtenu une médaille d'or pour son vin rouge.

M. Castel a sa propriété complantée en Carignan et Alicante, toute dans la Garrigue, entre Puisserguier et Cazedarnes, à quelques pas du fameux ermitage de Saint-Christophe, dont les alentours produisent des vins remarquables.

Les principeaux propriétaire de Cazedarnes, sont : MM. Valat P. ; Castel Jean ; Albès Emmanuel, Castel Joseph, Petit Michel, Robert Louis, Albès Jean, Miquel, Joseph.

Commune de Cazouls-lès-Béziers.

Cette commune, dont nous avons parcouru le territoire presque dans tous les sens, ce qui nous offre les moyens de nous entretenir de ses produits depuis longtemps méconnus, est située à 13 kilomètres du chef-lieu d'arrondissement.

Son terroir se compose de petites montagnes au Nord et au Midi, plantées de vignes ; c'est donc à cette belle position que nous devons attribuer es riches productions et les qualités les plus ariées ; on y trouve des vins rouges très estimés, uscat, Alicante, Piquepoul et Tokai.

Les premiers de ces vins, remarquables par leur couleur et leurs qualités vineuses, peuvent prendre place parmi les meilleurs du département. La production du Muscat est aussi, on ne peut plus digne de remarque, car les vignes qui le produisent sont généralement plantées sur les versants exposés au Midi ; aussi, est-ce à cette position que nous devons attribuer la qualité, l'arôme, la liqueur et le musc de ces vins.

Les principaux vignobles, situés au Nord et au Midi, appartenant à MM. le comte d'Ulst, Daurel, Dulac, Crestou, Ribes, Borrel et Lugagne, produisent les vins rouges et les Muscats.

Une partie de ceux qui sont situés au Sud-Ouest, fournissent le délicieux vin Muscat récolté par M. Pastre.

Après avoir visité la cave de cet intelligent propriétaire, et après avoir dégusté ce vrai nectar, nous n'hésitons pas à dire avec tous les vrais connaisseurs que ce vin hors-ligne est le meilleur qui existe, car aucun muscat ne peut lui être comparé. M. Pastre a presque toujours en cave 990 hectolitres de vin muscat de qualité supérieure.

La campagne de M. Martel, docteur et propriétaire, que nous avons visitée et dont les produits se placent avantageusement, se trouve dans cette même direction.

Une partie des vignobles situés au midi et au Levant, quoique placés sur des points moins élevés, produisent des vins rouges qui, sans avoir en général une couleur aussi foncée que ceux des

Garrigues, ne sont pas moins remarquables par leur rouge brillant, leur bon goût et leur aptitude à supporter le transport. Là, se trouvent les campagnes de Mme veuve Blanc, de MM, Anglade, le comte d'Ulst et Vidal. Les vignes de ces derniers propriétaires sont plantées sur un terrain accidenté, très chargé de cailloux; aussi produisent-elles du vin de qualité supérieure.

Nous sommes heureux de constater que depuis quelques années, MM. les propriétaires de Cazoules se sont activement occupés des améliorations que nécessitait l'état de leur caves, afin de se rendre plus faciles les soins minutieux qu'ils ont à donner à leurs vendanges. Les progrès qu'ils ont fait dans le perfectionnement de leurs produits, progrès que l'on doit à leur intelligence et à leur activité, leur permettent de pouvoir offrir aux gourmets et aux consommateurs du Nord des produits qui classeront la commune de Cazouls parmi les plus importantes du Midi de la France.

Nous eussions voulu, dans ce court exposé, pouvoir faire l'éloge particulier des propriétaires les plus importants; mais, comme le nombre en est trop grand, et que l'espace pourrait nous faire défaut, nous avons dû nous borner, malgré tout notre bon vouloir, à ne reproduire qu'un rapport que nous avons extrait du journal la *Revue des Sciences et des Connaissances Pratiques et usuelles*, lequel est relatif aux vins muscats de M. Pastre, pour faire ensuite succinctement l'éloge des pro-

,duits de la propriété de M. Martel que nous avons déjà cité.

Quant aux muscats de M. Pastre Etienne-Henri, M. le docteur B. Lunel, dans son rapport du 8 juin 1860, à la Société des Sciences Industrielles, Arts et Belles-Lettres de Paris, s'exprime ainsi :

L'arbrisseau sarmenteux qui produit le vin, est originaire de Perse. Les Phéniciens qui parcouraient souvent les côtes de la méditerrannée, en introduisirent la culture dans la Grèce, dans les îles de l'Archipel, dans la Sicile, enfin en Italie et dans le territoire de Marseille.

Parvenue en Provence, cette culture s'étendit bientôt sur les côteaux du Rhône, de la Saône, de la Garonne, de la Dordogne ; dans les territoires de Dijon, vers les rives de la Marne et même de la Moselle.

Les anciens Egyptiens connaissaient l'art de faire du vin ; leurs procédés existent encore sculptés sur les murs de leurs temples les plus antiques.

Les Grecs et les Romains les avaient recueillis et préparaient une multitude de vins dont les noms et la célébrité sont passés jusqu'à nous.

En Grèce, on cueillait le raisin avant sa maturité, on le séchait à un soleil ardent pendant trois jours, et le quatrième on l'exprimait. En Espagne, en Italie et surtout à l'île de Chypre, on suit encore ce procédé dans plusieurs vignobles.

Dans quelques endroits de l'Espagne, on fait évaporer le suc des raisins blancs sur un feu doux jusqu'à une consistance nécessaire avant de le laisser fermenter.

En Toscane, le vin de Vinato Santo, est préparé avec un moût si rapproché, que la plus forte chaleur d'un soleil ardent est nécessaire pour obtenir la fermentation. Nous ne finirions pas si nous voulions décrire les procédés des Lacédémoniens, des Romains et des nations anciennes pour cuire, rapprocher ou évaporer le moût pour la préparation de leurs vins.

Disons seulement que Pline parle d'un vin qui se préparait spécialement avec des raisins Appiens, dont on différait la récolte et dont le suc était diminué de moitié par la cuisson.

M. Pastre cueille les fruits mûrs, très-mûrs, tout autrement que les autres viticulteurs, il les fait facturer de même ; mais, dans le courant de la première et de la deuxième année, il emploie pour les soutirages des procédés particuliers, sans introduire de substances étrangères pour la préparation de ses muscats. M. Pastre obtient, depuis 1837, des vins exquis, qui surprennent tous les gourmets.

Nous donnerons ici l'appréciation de quelques dégustateurs. M. Dussol, ancien négociant à Cette, a dit : « J'avais entendu parler de la cave de M. Pastre ; on me la disait la meilleure de toutes ; mais on est resté au-dessous de la vérité, car rien ne peut lui être comparé. »

M. Crozals, de Béziers, a dit à son tour : « Je croyais avoir bu dans ma vie du muscat, mais je vois maintenant, en dégustant les vins de M. Pastre, que c'est la première fois. » M. Bouet, négociant de Cette, a dit : « C'est de la crême anglaise, bien que dans les lieux de cette ville où l'on sert le muscat, ce ne soit pas toujours celui de M. Pastre.

Tous les négociants renommés du département de l'Hérault rendent hommage aux muscats de M. Pastre, nectar délicieux qui ne figure guère que sur la table des véritables amateurs. Ces vins, nous en sommes persuadé, ont figuré plus d'une fois sur la table des Souverains.

Ajoutons, avant de déguster les muscats qui nous sont soumis, que les ouvrages de science, d'Agriculture, signalent les muscats de Cazouls-lès-Béziers. On en trouve toujours, dans les caves de M. Pastre, des foudres de 25, 50 jusqu'à 100 hectolitres, ce qui est unique pour les muscats hors-ligne.

Le dictionnaire topographique de M. Peigné, celui de M. Girard de Saint-Fargeau, disent aussi un mot : Cazouls-lès-Béziers ; vins muscats les plus renommés. M. Azam, de Bédarieux, représentant de M. Pastre, consulté par la Société, déclare avoir goûté dans les caves même de M. Pastre, les muscats soumis à la Société. Il rend hommage à la science, à l'habileté, au désintéressement de ce viticulteur, parle des soins tout particuliers apportés à ses vignobles, et assure à la Société que les muscats de M. Pastre sont reconnus supérieurs à tous ceux qui existent.

Les membres de la Société, après avoir dégusté les vins qui lui sont soumis, décernent aux produits de M. Pastre la plus haute des récompenses : « La Médaille d'or. »

M. Martel Joseph-Raymond, médecin, propriétaire, domicilié à Cazouls-lès-Béziers, possède une campagne connue sous le nom de Saint-Joseph de Mayran, ancienne dépendance de la Trésorière ; elle est située sur le territoire de la commune de Puisserguier, et à la distance de 12 kilomètres de Béziers, 3 de Puisserguier et 4 de Cazouls-lès-Béziers.

Cette belle propriété, placée dans une situation des plus heureuses, produit en moyenne 700 hectolitres vin rouge de bonne qualité, 110 hect. vin muscat excellent ; 350 hect. Piquepoul ou Clairette, 10 hect. muscat rouge bon, et enfin 4 hect. environ de Tokai.

Chose digne de remarque, c'est qu'il est peu de domaines où l'on trouve une si grande variété de produits.

La plus grande partie de ce vignoble est située sur un sol rocailleux qui produit le muscat et le Tokai. Nous avons pu nous assurer nous-même, que le soleil en se levant frappe les souches, et ne les quitte qu'en disparaissant à l'horizon.

M. Martel, qui ne pratique presque plus la médecine, s'est exclusivement voué à la viticulture. L'écoulement des produits de ses vignobles et leur placement avantageux, sont pour cet intelligent propriétaire un dédommagement aux soins assidus qu'il apporte dans la conservation de ses récoltes.

Noms des Propriétaires.

MM.

Daurel, récolte 280 hectolitres muscat, 700 vin rouge; Dulac de la Golfine, 280 muscat, 2,100 vin rouge; comte d'Ulst, 280 muscat, 2,800 vin rouge; Lugagne, 280 muscat, 1,400 vin rouge; Pastre Etienne-Henri, 150 muscat, hors-ligne; Singla, 280 muscat, 1,400 vin rouge; Borel, à Montmajou, 475 muscat, 700 vin rouge, 150 hect. Piquepoul; veuve Blanc, 175 muscat, 1,400 vin rouge, 280 Piquepoul; Martel Joseph, 110 muscat, 700 vin rouge, 350 Piquepoul, 10 muscat rouge, 4 h. Tokai; Melle Crestou-Singla, 175 muscat, 1,050 vin rouge, 1050 Piquepoul; Anglade, 140 muscat, 1,050 vin rouge (demeure à Béziers); Vidal Bernard, 140 muscat, 1,050 vin rouge et Piquepoul; Castel, 84 muscat, 350 vin rouge; Cyprien, 56 muscat, 280 vin rouge; Dulac Henri, 140 muscat, 1,200 vin rouge; Besombes, 105 muscat, 560 vin rouge; Huc Dulac, 28 muscat, et 280 vin rouge; Gibaudan, vétérinaire, 175 muscat, et 560 vin rouge; Gibaudan, fabricant, 140 muscat, 360 vin rouge; Faurès, 1,400 vin rouge, muscat; Pastres Jean, 84 muscat, 420 vin rouge; Ribes, 105 muscat, 1,400 vin rouge; Gibaudan Auguste, 105 muscat, 280 vin rouge; Gibaudan Cadet, 56 muscat, 280 vin rouge; Gibaudan Jean, 84 muscat, 350 vin rouge; Gibaudan Michel, 84 muscat, 350 vin rouge; Gibaudan, ancien vétérinaire, 35 muscat, 350 vin rouge; Gibaudan Auguste, 42 muscat, 420 vin rouge; Hilaire, 105 muscat, 420 vin rouge, Iché, 70 muscat, 350 vin rouge; Mègre, 42 muscat, 210 vin rouge; Cassafieyre Jean, 42 muscat, 280 vin rouge; Cassafieyre Antoine, 28 muscat, 280 vin rouge; Coudène, 28 muscat, 280 vin rouge; Audouard, 29 muscat, 294 vin rouge; Fraisse aîné, 84 muscat, 420 vin rouge; Fraisse jeune, 84 muscat, 420 vin rouge; Borrel de Cazouls, 84 muscat, 350 vin rouge; Soulairol Urbain, 35 muscat, 1,075 vin rouge; Soulairol Ferdinand, 42 muscat, 700 vin rouge; Maux, Barthélemy, 42 muscat, 420 vin rouge; Maux jeune, 42 muscat, 420 vin rouge; Gouzet Jean, 28 muscat, 280 vin rouge; Pruneyrac Guillaume, 105 muscat, 1,200 vin rouge. Dans deux ans, récoltera 2,000 hect, environ; Pruneyrac cadet, 105 muscat, 500 vin rouge; Glaize, 55 muscat, 280 vin rouge, et 175 Piquepoul; Sèbe, adjoint, 84 muscat, 490 vin rouge; Sèbe fils aîné, 105 muscat, 280 vin rouge; Tanabel, 42 muscat, 280 vin rouge; Pagès Firmin, 21 muscat, 560 vin rouge; Sèbe Jean, 70 muscat, 420 vin rouge; Martin François, 35 muscat, 280 vin rouge; Soulairol Vital, 84 muscat, 350 vin rouge; Thomas Frédéric, 28 muscat, 420 vin rouge; Hylary, fabricant, 42 muscat, 210 vin rouge ; Aoust, 70 muscat, 350 vin rouge; Fayet (campagne de Milhau), 70 muscat, 2,800 vin rouge; Bouissézou, 350 vin rouge; Vialas, 350; Martel Daniel, 42 muscat, 350 vin rouge.

Commune de Cébazan

A 38 kilomètres de St-Pons.

S'il nous était permis de faire un classement des produits viticoles, non-seulement de l'arrondissement de Béziers, mais du département de l'Hérault en général, nous classerions les vins de cette commune au nombre des meilleurs vins rouge que nos contrées produisent. Couleur généralement foncée, alcooliques surtout, et vinosité qui les distinguent, telles sont les qualités qui les font rechercher par le commerce.

Noms des propriétaires.

MM. Vènes Jacques, récolte 800 hectolitres vin rouge ; Miquel Jean, 600 hect. vin rouge ; Vènes Joseph, 350 hect. vin rouge ; Barthez, 300 hect. vin rouge.

Commune de Celleneuve

Près de Montpellier.

Les vins rouges de cette localité sont riches en alcool et en couleur ; il est à regretter que la production ne soit pas plus abondante, le commerce pourrait alors s'y approvisionner de la manière la plus avantageuse. Les nouvelles plantations qui se sont faites pendant ces dernières années, promettent de doubler ces bons produits dans deux ans.

Noms des principaux Propriétaires.

MM.

David Hipolyte, propriétaire, récolte 500 hect. vin rouge 1re qualité ; il récoltera dans deux ans 700 hect. environ. Ses celliers contiennent des vins vieux.

Roger Etienne, récolte 1,500 hect. vin rouge de montagne, excellent vin de table.

Chauliac fils aîné, propriétaire et négociant en gros, récolte 1,500 hect. vin rouge 1re qualité.

Cette maison fabrique les 3|6. Elle est en relation avec les principales maisons du nord de la France et de l'Etranger ; la bonne fabrication de ses produits lui a mérité la confiance des plus grandes maisons.

Commune de Cers.

—

Cette localité dont la population n'excède pas le chiffre de 280 habitants et qui est située à 11 kilomètres de Béziers, 2 de Sérignan et de Villeneuve-lès-Béziers, peut prendre place au premier rang des communes de l'arrondissement de Béziers, qui produisent du vin rouge de qualité supérieure.

Pendant longtemps, les vins de cette commune ont joui d'une réputation justement acquise, qui les faisaient rechercher activement par le commerce. Aujourd'hui, cette supériorité marquée qu'ils ont eu sur les vins du pays, s'affaiblit, car dans le plus grand nombre des communes, les propriétaires comprennent que pour avoir de grands débouchés et obtenir de bons résultats, il convient qu'ils livrent de bons vins aux consommateurs.

Noms des Propriétaires.

MM.

Belpel Auguste, récolte 2,800 hect. vin rouge ; Sahuc, 2,800 : Fourès, 1,800 ; Laspeyres 2,100 ; Sabatier, 1,750 ; Ousse, 1,400 ; Martin, 1,400 ; Arnaud, 1,400 ; Lucien, 700 ; Chastre, 560 ; Germain, 700 ; Belpel, neveu, 350 ; Belpelou, 350 ; Caillau Henri, 210 ; Belpel Achille, 210.

On y compte encore un assez grand nombre de propriétaires, récoltant de 25 à 30, 40 et 50 hectolitres.

Commune de Cessenon.

A 33 kilomètres de St-Pons.

—

Cette localité est désignée comme une de celles du département de l'Hérault, d'où l'on tire d'excellents produits. A la vérité, ceux qui s'en sont assurés avant nous, n'ont pas fait un faux jugement. Il ne suffit d'ailleurs que de parcourir le terroir généralement calcaire sur lequel se trouvent les vignobles, de voir leur belle exposition au soleil, pour se faire une idée bien exacte de la nature des produits qu'on en retire.

Là, comme ailleurs, les propriétaires intelligents s'occupent sérieusement de culture ; aussi on ne doit pas être surpris si leurs vins, qui sont excellents pour la table, ont été reconnus supérieurs.

Noms des principaux Propriétaires.

MM.

Massot, récolte 1,600 hectolitres vins rouge ; Mellé, 1,600 ; Castel, 1,200 ; Mourgues, 1,000.

Commune de Corneillan.

A 6 kilomètres de Béziers.

—

Depuis quelques années, nos viticulteurs ont compris que si les vignobles qui composent la plus grande partie du territoire du département de l'Hérault en général, et de l'arrondissement de Béziers en particulier, sont la principale richesse du pays, il fallait conséquemment se mettre résolument à l'œuvre, lorsque tout ici-bas progresse et marche à pas de géant, et obtenir, soit par la manière de travailler la vigne, soit par les soins assidus que les récoltes nécessitent, des produits plus importants et d'un rapport plus élevé.

Jadis, la majeure partie des produits viticoles de cette commune était si négligé, qu'une minime partie de la récolte pouvait être livrée au commerce, lorsque les fabricants de 3/6 s'emparaient de l'autre partie qui, du reste, n'était bonne qu'à passer par la chaudière.

Aujourd'hui, il n'en est plus ainsi ; les propriétaires de Corneillan ont suivi l'impulsion donnée par nos viticulteurs intelligents, et s'efforcent pour les imiter. Le terrain sur lequel les vignes sont plantées, est généralement sablonneux et produit d'assez bon vin.

Noms des principaux Propriétaires.

MM.

Lagarrigue Maurice, récolte 1.000 hect. vin rouge, Guéry Gabriel, récolte 1.000 hect. vin rouge ; Chaussouy François, 800 ; Chaussouy Jean, 800 ; Audibert, 600 ; Blayac, mari Sabe, 600 ; Gély Pierre, 600 ; Paillard Joseph, 500 ; Gateleau Barthélemy, 500 ; Sabes, mari Dragon, 500.

Commune Cournonterral.

A 15 kilomètres de Montpellier.

Le crû le plus important de cette commune que nous signalons au commerce, appartient à M. Chabrier, propiétaire.

Il produit annuellement, en moyenne, 8.400 hectolitres bon vin de table.

Commune de Creissan.

A 19 kilomètres de Béziers.

Cette localité, avec la commune de Cazedarnes et de Cébazan, sont contiguës au territoire de la commune de Puisserguier qu'elles enclavent, comme dans un fer à cheval, au milieu des Garrigues. Creissan fournit des vins d'une qualité supérieure et d'une couleur foncée très-vive, que le commerce recherche pour les coupages.

Ces vins peuvent être cités comme des plus beaux.

Noms de MM. les Propriétaires.

MM.

Teissier Hilaire, récolte 1.000 hect. vin rouge et 50 muscat ; veuve Robert Louise, 700 vin rouge ; Négrier, 700 ; Régnier, 700 ; veuve Pujol, 500 ; Teissier Justinien, commissionnaire, 300 ; Teissier Louis, 300 ; Rouvière, 350.

Commune de Cruzy.

A 32 kilomètres de Saint-Pons.

La commune de Cruzy est à 25 kilomètres de Béziers et à 18 de Narbonne. Elle est située entre les communes de Montouliès, d'Argeliès, de Quarante, de Creissan, de Cébazan et de Saint-Chinian, son chef-lieu de canton.

Ces noms, bien connus du commerce, réveillent

dans l'esprit l'idée des meilleurs vins qui se produisent dans le Languedoc. Cruzy, placé au centre, produit des vins qui possèdent les qualités qui distinguent ces crûs si renommés.

Vitis amas colles : ces mots écrits Il y a deux mille ans, semblent l'être aujourd'hui pour la commune de Cruzy. Ses collines en amphithéâtre se dirigeant de l'Est à l'Ouest, abritées des vents du Nord et parfaitement exposées au Midi, sont couvertes de petites pierres calcaires et parfois de petits cailloux roulés siliceux ; elles produisent en abondance toute espèce de plante aromatique. L'aspic et le Thym, le Romarin, le Cyste blanc et le Cyste rose, etc.

C'est sur le penchant de ces serres abritées et parfumées que la vigne produit des vins délicieux ; les bas-fonds sont généralement complantés en Aramont, Carignan, Morestel et Alicante ; ces derniers cépages s'élèvent bientôt et prennent possession exclusive de ces côteaux privilégiés.

Les vins des collines mêlés à ceux des vallées, procurent un vin de table léger de couleur, mais brillant et d'un bouquet exquis.

Le vin des côteaux seul, sans mélange avec celui des bas-fonds, est plus aromatique, plus coloré, plus alcoolique, et se présente avec toutes les qualités que le commerce recherche pour les coupages.

Les vins blancs, les Blanquette, les Piquepoul, les Bouteillan, le Rivairenc, prennent la mousse avec beaucoup de facilité ; l'Alicante fait en blanc donne un vin doux aussi parfumé que les grands vins d'Espagne.

Les vins de cette commune se conservent si bien et sont si recherchés par le commerce, que la seule fabrique établie autrefois pour la fabrication des 3/6, ne fonctionne plus maintenant que pour brûler le marc.

La commune de Cruzy n'a guère aujourd'hui que deux récoltes principales, le vin et l'huile; mais cette huile à grande réputation diminue tous les jours, la vigne envahissant tout le territoire destiné à produire les meilleurs vins de table du Languedoc.

Les principaux propriétaires de cette commune sont :

MM.

Andoque Alexandre, de Seriège, récolte 12,600 hectolitres vin rouge; Mondiés Auguste, 50; Donatien Etienne, 2,110; Terral, Emile, 700; Terral Pierre (fils d'autres), 700; Guarrignenc; Jean, 560; Cabanes Joseph, 560; Terral, aubergiste, 560; de Lapeyrouse, notaire, 350; Salvagniac Martial, 350; Miquel frères, 350; Vidal ainé et Villebrun.

Commune de Fabrègues

A 13 kilomètres de Montpellier.

—

Si l'on veut se rendre un compte exact des progrès que la viticulture a fait dans le département de l'Hérault, il faut parcourir, visiter soigneusement les vignobles de l'un des propriétaires les plus éminents de nos contrées méridionales.

Nous voulons parler de M. Marès Henri, membre de la Société d'Agriculture de l'Hérault.

Les propriétés de cet intelligent et infatigable agriculteur, produisent environ 10,000 hectolitres de vin dont la moitié se compose de vin rouge de côteau, de Grenache, de Piquepoul; l'autre moitié de vins légers, rouges et blancs, propres au commerce.

Merle, récolte 360 hectolitres vin rouge de table; Arnédé J. 1,400; Etienne Merle de Bertrand, 700; Merle Antonin, 875.

———

Commune de Faugères

A 25 kilomètres de Béziers.

—

Quoique la quantité d'hectolitres de vin que cette localité produit, ne soit pas considérable, et que les propriétaires les plus importants ne récoltent en moyenne que de 40 à 50 hectolitres par an, il est cependant justice de la signaler au commerce en général. Faugères produit d'excellents vins rouges et du muscat estimés; les premiers ne le cèdent en rien à ceux de Causses et Veyran dont nous avons parlé, et les seconds à ceux de Cazouls, Maraussan et Frontignan; au reste, la vinosité, l'arôme, etc., qui les distinguent, sont, croyons-nous des qualités suffisantes pour les faire rechercher par MM. les négociants.

Les propriétaires des meilleurs crûs sont :

MM.

Raynaud Jean, récolte 420 hectolitres; Triol Barthélemy, 420; Joubert, 420; Sadde Hilaire, 350.

Commune de Florensac.

—

Cette commune produit d'excellents vins pour le commerce.

Principaux propriétaires.

MM.

De Ricard Louis, 14,000 hectolitres; Rey de Bollonet, 8,400; Fabre de Roussac, 7,000; Pouilhe, 5,600; De Rascas, 5,600; Barral d'Arènes, 5,600;

de Saint-Etienne, 5,600, Barral, négociant, 4,200;
Chaliès, 4,200; (médaille d'argent pour les 3/6 à
l'exposition de Montpellier, et à Pézenas); Les
frères Fraisse, 4,200; de Fontenille, 4,200;
Lépine, 4,200; Sauvaine, 5,000; Coneau Armand,
1,400; Iché aîné, 1,400; Magne 1,400; Armelli,
1,400; Fraisse Auguste, 1,400; Bascou, 1,050.

Commune de Frontignan.

Distance de Montpellier en chemin de fer, 45 minutes;
par voiture, 22 kilomètres.

La réputation des vins muscats de Frontignan,
est européenne; ils sont précieux et fins, se conservent longtemps.

Ces vins, qui jouissent d'une réputation justement acquise, ont trouvé de bien rudes concurrents dans ceux que produisent les vignobles de
MM. Pastre Henri, Martel, docteur médecin, propriétaire à Cazouls-lès-Béziers; Cadilhac, docteur
médecin à Puisserguier, Rouch-Cabanes, propriétaire à Mauraussan, Daurel, chevalier de la
Légion-d'Honneur, propriétaire à Cazouls-lès-
Béziers et à Maraussan; Laforgue, propriétaire à
Quarante.

Nous avons dégusté plusieurs fois les vins muscats de Frontignan, nous les avons toujours trou-

vés si exquis, que nous n'aurions jamais pu croire qu'ils eussent des rivaux que l'on trouve dans les caves des propriétaires que nous avons cités, et particulièrement dans celle de M. Pastre Henri, à Cazouls-les-Béziers. Aussi, en dégustant les vins de ce propriétaire, nous disons avec M. Dussol, ancien négociant à Cette : « J'avais entendu parler de la cave de M. Pastre; on me la disait la meilleure de toutes; mais on est resté au-dessous de la vérité; car rien ne peut lui être comparé.

« Nous dirons aussi avec M. Crozals de Béziers : je croyais avoir bu dans ma vie du muscat, mais je vois maintenant, en dégustant les vins de M. Pastre, que c'est la première fois. »

Propriétaires des principaux crûs :

MM.

Poulhe, récolte 600 hectolitres vin rouge, 300 hect. muscat blanc, premier crû ; 50 muscat rouge, seul propriétaire, qualité hors ligne ; muscat vieux de dix à cinq ans dans sa cave.

Boisse Gaston, récolte 400 hect. vin rouge ; 50 vin muscat, 1re qualité ; muscat vieux, récolte de 1859, 60 hect. en cave.

Argelliez-Lairolle.

Barral Louis, médaille de première classe à l'Exposition universelle en 1855.

Barral Georges, expédition en France et à l'étranger, en caisse et en fûts ; pour renseignements à Paris, rue Saint-Honoré, 41.

Bénézech, époux Combes, récolte 120 hectolit. vin muscat, 350 vin rouge ; 21 alicante. En cave, muscat vieux, 84 hect. ; alicante, 21 ; blanc sec vieux, 14 hect.

Calas Antoine, distillateur d'eau-de-vie, de vins et de muscat.

Fournier Antoine, récolte 210 hect. vin rouge, 50 vin muscat.

Lacrouzette-Bellonet fils, médaille d'argent à Montpellier, en 1860 ; médaille d'or grand module à Marseille, en 1861 ; médaille d'or, exposition de Nîmes en 1863.

Rivière, César et Compagnie, négociants-commissionnaires.

Rivière père, récolte 91 hect. vin muscat, 300 vin rouge.

Vivarès ainé, récolte du vin muscat bon crû et du vin rouge.

Vivarès jeune, premier crû, Frontignan.

Vivarès jeune et Rieunier, négociants en vins fins et ordinaires, muscat premier crû.

Commune de Gigean.

A 19 kilomètres de Montpellier.

—

Noms des Propriétaires.

MM.

Poinsot Pamphile, récolte 1,000 hectolitres vin rouge excellent pour la table.

Bouscaren J. récolte 4,200 hect. vin rouge; Pellegrin, 750 ; Valat et Vinas, 1,000 ; Meissonnier Joachim, 1,000 ; veuve Meissonnier, 700 ; Chaisy Jacques, 700 ; Bonnet-Pellegrin, 700 ; Jacques Michel, 1,200 ; Michel, 1,200 ; Michel-Lavinon, 1,050 ; Garel-Lavinon, 1,000; Antherrieu-Causse, 1,400 ; Garel-Ducamp, 1,000 ; veuve Recoulis, 1,000 ; Boyer-Genet, 1,000 ; Ducamp-Pellegrin, 1,000 ; Martin fils, 1,000 ; Meissonnier cadet, 800 ; Meissonnier Benoit, 600 ; Pellegrin cadet, 1,000 ; Pellegrin Jacques, 1,200 ; Meissonnier Alexandre, 700 ; Martin, aubergiste, 1,700; Allier Paul, 700 ; Jeanjean père, 700 ; Causse, 1,000 ; Margouet Barthélemy, 850 ; Serrier Michel, 380.

Les principaux propriétaires de cette commune récoltent ensemble, en moyenne, 32,130 hectolitres.

Commune de Laurens.

A 10 kilomètres de Béziers, 3 d'Antignac et 5 de Faugère.

—

Le terroir de cette commune est situé dans une belle position ; le sol schisteux sur lequel se trouvent les vignobles produit d'excellents vins qui, quoique assez foncés et alcooliques, sont légers et peuvent prendre rang parmi les bons vins de table.

Les plantations nouvelles consistent en Carignan, Morestel et Alicante ; ce qui prouve que là, comme ailleurs, les propriétaires cherchent à obtenir des vins de qualité supérieure.

Noms de MM. les Propriétaires.

MM.

Geipt, récolte 700 hectolitres vin rouge ; Mazières, 700 ; Basset, 500 ; Reveil Luc, 500 ; Cadenat J., 400 ; Cadenat Irénée, 400 ; de Laurens, 400 ; Bayle, 400 ; Cadenat Etienne, 300 ; Granier, 300 ; Gibal, 300 ; Portal Pierre, 300 ; Pastres, 300 ; Privat, 250 ; Bron, 250 ; Castan Jean, 250 ; Granier Joseph, 250 ; Granier Etienne, 250 ; Combes, 200 ; Lagarde, 200 ; Portal Etienne, 200 ; Rességuier, 200.

Commune de Lespignan.

Située à 10 kilomètres de Béziers, 4 de Nissan et 4 de Vendres.

—

La plus grande partie des vignobles de cette commune qui produit des vins de bonne qualité, sont situés sur des côteaux très-bien exposés au Midi ; le reste est dans la plaine qui, quoique produisant des vins inférieurs, n'en sont pas moins bons pour le commerce.

Voici les noms des campagnes qui font partie de cette localité :

La campagne de Castelnau appartenant à M. Durand, Palerme, produit 2,800 hect. vin rouge.

La campagne de Pech, appartenant à M. Martial à Béziers, produit 10,500 hect. vin rouge.

La campagne de Saint-Pal, appartenant à M. de Méric, produit 4,200 hect. vin rouge.

La campagne de Viagues, appartenant à M. de Villeneuve, produit 2,800 hect. vin rouge.

La campagne de Saint-Aubin, appartenant à M. Carratier, marchand de bois à Béziers, produit 1,400 hect. vin rouge.

La campagne de Saint-Aubin, appartenant à M. Guirbal, Béziers, produit 2,800 hect. vin rouge.

Noms des Propriétaires.

MM.

Ponsenaille Auguste, récolte 1,700 hect. vin rouge ; Bonnal, 1,400 ; Bernard Hippolyte 1,400 ; Brousse, 1,400 ; Blanquier Benjamin, 4,050 ; Delon, fabricant, 1,050 ; Crassous Louis, 1,050 ; Crubézi Pascal, 1,400 ; Ponsenaille Louis, 1,040 ; Delon, 1,050 ; Martin Casimir, 2,050 ; Jobyte Martin, 700 ; Ramel Adolphe, 700 ; Decor Louis, 700 ; Ramel Edouard, 700. On nous a signalé le vin de ce propriétaire, comme étant le meilleur de la commune ; Merle François, 560 ; Nalis Jean, 560 ; Delon Louis, 560 ; Merle François, 560 ; Crubezi Etienne, 470 ; Cros Joseph, 700 ; Auriac Paulin, 700 ; Bétus Antoine, 420 ; Condat Gabriel, 420 ; Audouy Louis, 350.

La commune de Lespognan possède deux distilleries appartenant à MM. Auriac Louis et Delon Bernard.

Commune de Lieuran-lès-Béziers et Ribaute.

A 10 kilomètres de Béziers, 2 de Bassan et 4 de Boujan.

Cette localité produit des vins rosés et d'autres assez chargés en couleur : Les vignobles sont situés sur un sol rocailleux qui les rend très-alcooliques, et les fait conséquemment rechercher par les consommateurs et les négociants.

Lieuran produit aussi du vin muscat, mais en petite quantité; nous sommes heureux de dire, qu'au Concours régional de Montpellier, en 1860, celui que M. Ceillé, envoya à l'exposition, obtint une médaille d'argent.

A Lieuran comme ailleurs, MM. les propriétaires s'attachent à produire de très bonnes qualités. Il ne suffit, au reste, que de signaler les nouvelles plantations qui s'effectuent, Carignan, Aramont et Alicante, pour se convaincre de ce fait que nous aimons à signaler au commerce.

Noms des propriétaires les plus importants :

MM.

Ceillé, récolte 110 hectolitres muscat, 1,750 vin rouge ; Cabanel, 56 muscat, et 560 vin rouge; veuve Devilla, 42 muscat, et 1.500 vin rouge; Devilla frères, 30 muscat, et 1,500 vin rouge; Senquéry, 30 muscat, et 560 vin rouge; Azéma, 30 muscat, et 560 vin rouge; Granier, à Causses et Veyran, 460 vin rouge; Muratet, 490 ; Paulhac Paul, 490; Claude, 420; Maret Jean, 420; Maret-Ferdinand, 420; Pradal, 120; Duquen, 350; Guibert, 350; Pradal Auguste.

Commune de Lignan

A 7 kilomètres de Béziers

—

MM. les propriétaires de cette commune s'occupent généralement bien de leurs vignobles qui produisent pour la plupart des vins qui, quoique légers, sont avantageusement utilisés par le commerce. Nous faisons cependant remarquer à MM. les négociants, qu'une partie du territoire de Lignan produit des vins rouges excellents pour la table.

Les principaux propriétaires de cette commune sont :

MM.

Chaussouy, Espinadel, Guy, Roudier, Rullière, Salvan.

Commune de Lunel

A 23 kilomètres de Montpellier.

—

Cette commune est une des plus importantes du département pour le commerce des vins. Elles produit du vin rouge bonne qualité, que l'on convertit généralement en eaux-de vie, et du vin muscat très estimé.

Voici les noms des propriétaires des meilleurs crûs :

MM.

Chrestien, docteur à Montpellier (*Côte de Mazet*) vins muscats les plus fins et les plus estimés.

Nourrigat Emile, éducateur de vers à soie, ayant obtenu 15 médailles aux diverses expositions, a obtenu une médaille à l'exposition universelle de 1855. La *Côte de Foulbonne*, dont il est le propriétaire, produit de bon muscat, Tockai, etc.

Raynaud fils, propriétaire du crû de *Belliol*, dont les produits sont bons.

Tandon, propriétaire du crû *Pouquet*.

Commune de Lunel-Viel.

Située à 16 kilomètres de Montpellier.

C'est sur le territoire de cette commune, que se trouve le côteau renommé qui produit le délicieux muscat de Lunel. Ces vins muscat jouissent de la même réputation que ceux de Frontignan ; ils sont plus précieux et plus fins, mais ils ont plus de corps, un goût plus prononcé, et ne se conservent pas aussi longtemps.

Noms des Propriétaires.

MM.

Rochet Pascal, propriétaire, récolte 350 hect. vin rouge bon crû, et 3 Tokai, qualité supérieure.

Guérichon, André-Eugène, commissionnaire des vins et des propriétés, propriétaire, par Lunel, récolte 600 hect. vin rouge, bon crû. Il offre à MM. les Négociants les bons muscats de Lunel; il connaît tous les bons crûs des propriétés, à 28 lieues à la ronde; il est en relations d'affaires avec le commerce des départements du Midi et du Nord de la France.

Commune de Maurassan.

A 6 kilomètres de Béziers.

—

Cette commune fournit en abondance des vins rouges, Piquepoul, Blanquette et Alicante fort estimés; mais c'est surtout pour son vin muscat, qu'elle s'est placée au rang des premiers crûs de France. Elle produit à elle seule dix fois autant que Lunel et Frontignan réunis, dont elle approvisionne en grande partie le commerce.

Le muscat de Maraussan est cité, notamment dans la 5e édition de l'Empélographie du comte

Oda... comme le meilleur qu'il ait rencontré. **Le vin** dégusté par l'auteur provenait des vignes de **M.** Daurel, propriétaire à Cazouls-lès-Béziers et à Maraussan, chevalier de la Légion-d'Honneur, ex-lauréat du concours et de l'Exposition universelle de Paris, 1855; on trouvera dans cette **cave** de 8 à 900 hectolitres de muscat extra-vieux.

La finesse, le moelleux, la générosité, l'arôme suave et caractéristique qui distingue ce vin très longtemps méconnu, sont le résultat de la nature du terrain, de l'exposition du cépage et des soins intelligents que les propriétaires apportent à la production.

Les principaux vignobles, situés dans d'excellentes positions et appartenant à MM. Daurel, Rouch-Chavernac, Fraissinet, Sahuc, Balamand, Tindel, sont on ne peut plus dignes de remarque, si l'on considère surtout que c'est à leur belle exposition des cépages au soleil, que le muscat dont nous venons de faire justement l'éloge doit sa qualité, son arôme et son musc.

Si nous avons constaté que les viticulteurs de Cazouls-lès-Béziers, ainsi que ceux de toutes les communes que nous avons parcourues, avaient fait de grands progrès dans l'amélioration et l'aménagement de leurs caves, cherchant à rendre plus faciles les soins qu'ils ont à donner à leurs vendanges, nous pouvons, dans notre impartialité, constater que le plus grand nombre des propriétaires de Maraussan ont fait aussi des progrès on ne peut plus notables dans le perfectionnement de leurs produits. Aussi, par leur intelligence et leurs procédés naturels de vinification, ils classeront bientôt, nous n'en doutons pas, leur commune au premier rang de celles de la France, sachant surtout que quelques crûs y ont déjà pris place.

Quoique ces vins, comme nous l'avons dit plus haut, aient été longtemps méconnus, voici ce qu'on raconte à leur sujet :

Un personnage éminent de la cour soumit à l'appréciation de l'Empereur Nicolas, du vin muscat que le docteur Rouch, de son vivant, maire de Maraussan (maison Rouch-Cabanes) avait envoyé au comte Orloff : « C'est du soleil en bouteille, » s'écria l'autocrate, et aussitôt, il ordonna à un de ses intendants de faire venir des plants pour un des versants les mieux exposés du plateau de Jaïla; mais quoique cette partie sud de la Crimée produise des vins estimés et des fruits du Midi, l'essai tenté à grands frais ne fut pas heureux ; car quelques années plus tard, le czar étonné demandait à l'Intendant pourquoi on n'avait pu obtenir qu'un vin inférieur. « Sire, répondit celui ci, M. le maire de Maraussan nous avait envoyé des plants de son vignoble, mais non la terre et le soleil. » Le czar se tut, et depuis lors la cour de Russie se résigne à demander à la maison Rouch-Cabanes ce moderne nectar destiné à soutenir sur les tables les plus aristocratiques, la renommée des vins de liqueur français à côté des vins de Chypre, de Céphalonie et de Syracuse.

Sous l'intelligente direction de M. Gratien

Cabannes neveu et gendre, de MM. Rouch frères, le vignoble de la famille n'a pas dégénéré ; aussi des exportations nombreuses sur tous les points du globe donneront-elles bientôt à ces crûs la réputation que lui ont justement acquise la qualité de ses produits et les anciennes traditions de loyauté de ses propriétaires. Nous avons dégusté de l'Alicante très-vieux, que l'Espagne pourrait nous envier.

La récolte moyenne de cette propriété est d'environ 560 hectolitres muscat, 3,500 vin rouge, Piquepoul, Blanquette, etc.

M. Josserand, propriétaire, récolte en moyenne 1,400 hectolitres vin rouge et muscat. Nous signalons particulièrement à MM. les négociants du Nord et du Midi les vins de ce propriétaire, que nous avons dégusté, et qui peuvent hardiment prendre place parmi les meilleurs produits de cette importante localité.

Noms des propriétaires.

MM.

Daurel, chevalier de la Légion-d'Honneur (médaille d'or et d'argent, Concours et Exposition universelle, Paris 1855), récolte 700 hect. muscat, 4,200 vin rouge, Piquepoul et Blanquette.

Rouch-Chavernac, récolte 560 hect. muscat, 3,500 vin rouge ; Rouch-Cabanes, 560 muscat ; 3,500 vin rouge, Piquepoul, Blanquette ; Jullien, 560 muscat, 2,800 vin rouge, Piquepoul, Blanquette ; Fraissinet, 420 muscat, 2,800 vin rouge, Piquepoul, Blanquette ; Sahuc, 250 muscat, 2,800 vin rouge, Piquepoul, Blanquette ; Balamand-Tindel, 200 muscat, 2,000 vin rouge, Piquepoul, Blanquette ; Rouanet, 250 muscat, 2,000 vin rouge, Piquepoul, Blanquette ; Tindel Azam, 100 muscat, 1,000 vin rouge, Piquepoul, Blanquette ; Chavardès dit Charrette, 84 muscat, 660 vin rouge, Piquepoul, Blanquette ; Durand Frédéric, 84 muscat, 660 vin rouge, Piquepoul, Blanquette ; Crouzat Augustin, 84 muscat, 655 vin rouge, Piquepoul, Blanquette ; Balamand cadet, 84 muscat blanc, 28 muscat rouge ; Bertrand Casimir, 84 muscat blanc, 200 vin rouge ; Chavardès Pierre, 83 muscat blanc, 650 vin rouge ; Durand Victor, 665 vin rouge ; Abbes Emile, 83 muscat blanc, 660 vin rouge ; Durand, 105 muscat blanc, 420 vin rouge ; Ginieis, 100 muscat blanc, 700 vin rouge ; Domairon Auguste, 82 muscat blanc, 660 vin rouge ; Abbes fils, 82 muscat blanc, 645 vin rouge ; Chavardès Léandre, 81 muscat blanc, 645 vin rouge ; Barthez, 81 muscat blanc, 656 vin rouge ; Chavardès Jean, 80 muscat, 600 vin rouge ; Tindel dit Bassan, 80 muscat blanc, 300 vin rouge ; Roux Jean-Etienne, 70 muscat blanc, 560 vin rouge ; Mailhac cadet, 70 muscat blanc, 300 vin rouge ; Boisseson, 56 muscat blanc, 350

vin rouge ; Bizot Jean, 56 muscat blanc, 700 vin
rouge ; Abbal aîné, 50 muscat blanc, 1,000 vin
rouge ; Vidal Antoine, 50 muscat blanc, 1,000 vin
rouge ; Balamand Bernard, 45 muscat blanc, 230
vin rouge ; Vidal Barthélemy, 30 muscat blanc,
1,000 vin rouge ; Robert Victor, 30 muscat blanc,
600 vin rouge et Piquepoul ; Chavardès Joseph. 30
muscat blanc, 300 vin rouge et Piquepoul ; Mailhac
Victor, 30 muscat blanc, 220 vin rouge ; Durand
Casimir, 30 muscat blanc, 450 vin rouge ; Bizot
Ditherin et son beau-père, 30 muscat blanc, 700
vin rouge ; Robert Auguste, 25 muscat, blanc, 350
vin rouge ; Guy dit Moutard, 20 muscat blanc, 360
vin rouge ; Guiraud aîné, 15 muscat blanc, 700
vin rouge ; Domairon aîné. 15 muscat blanc, 500
vin rouge ; Vie Balthazar, 15 muscat blanc, 300
vin rouge ; Vie Napoléon, 15 muscat blanc, 300
vin rouge,

Commune de Marseillan.

Située à 7 kilomètres d'Agde et 7 de Bessan.

Le territoire de cette commune est très-bien
exposé ; aussi, les vignobles qui généralement
sont sous vergue, nom que l'on donne aux collines
sur lesquelles les plantations sont faites, produi-
sent-ils des vins blancs, Piquepoul Terret-Bourret,
premier choix.

Les vins rouges, quoique n'ayant pas une couleur foncée, n'en ont pas moins les autres qualités que le commerce recherche.

Les propriétaires voulant obtenir des vins meilleurs, plus riches en couleur, font les nouvelles plantations avec le Carignan, l'Aramont et l'Alicante ; ils ont parfaitement compris, du reste, que pour que les vins du Midi, mieux vaut dire pour le département de l'Hérault, puisque c'est de lui que nous nous occupons, ne soient plus délaissés à l'avenir par MM. les négociants du Nord et de l'Etranger ; il faut, disons-nous, non-seulement obtenir de bons produits, mais leur donner une plus belle apparence, ce qui leur manque généralement.

Noms des Propriétaires.

MM.

Barral Estève, récolte 7,000 hect. vin rouge; Audouart, 5,600; Canet Justin, 4,200; Canet, 2,800; Maffre Saint-Victor, 2,800; Maffre Eugène, 2,800; Bayle Marcel, 2,100; Tréboulon, 2,100; veuve Maffre, 2,100; Cabanes, 2,100; veuve Bouisset, 2,100; veuve Canet, 1,400; Séré, 1,400; Maffre-Lacamp, 1,400; veuve Bayle-Texier, 1,400; veuve Bayle, 1,400; Bayle Martial, 1,400; Moffre Sernin, 1,050; veuve Pradelle, 700; Mallordy, 700; Fabre, 700; veuve Cazalis, 700; veuve Vivarez, 700; Azaïs, 700; Déjean aîné, 700; Déjean

Etienne 700; Déjean Pierre, 700; Salles, 560;
Ruhl Jean, 560; Ruhl, 500; veuve Rozan, 650;
Mas Elie, 560; Dazalis, 560; Querelle Albini, 560;
Bélitrand, 560; Blaquière, 560; veuve Saysset,
560; Garanson, 353; Fabre, 350; Pelisson, 350;
Marès, 280; Voisin Etienne, 210.

Commune de Maureilhan et Ramejan.

Située à 10 kilomètres de Béziers, 8 de Capestang
et 7 de Puisserguier.

L'Aramont nous a paru être le cépage privilégié,
car, après avoir vu la plus grande partie des plantations qui se sont effectuées depuis deux ou trois
ans, nous constatons que les propriétaires accor-
dent une préférence très marquée à cette qualité
de vin. Nous n'en dirons point les causes, car
nous serions totalement en dehors du sujet de
notre ouvrage et nous nous engagerions dans une
voie que nous ne pourrions suivre.

Conséquemment, nous nous bornerons à dire
qu'à Maureilhan, comme dans toutes les autres
communes de l'arrondissement de Béziers, les
propriétaires ayant remarqué que les mauvais vins
n'ont ni valeur, ni cours, s'occupent sérieusement
à obtenir de bons produits qui, nous en sommes
certains, les dédommageront amplement de leurs
longs et pénibles travaux.

Noms des principaux Propriétaires.

MM.

Suchet, récolte 2,100 hect. vin rouge ; Singla, 1,750 ; Bessière, 1,400 ; Coste Frédéric, 1,400 ; Guibert Antoine, 1,400 (campagne de la Phrosine) ; Cadecombe Eugène, 1,400 ; Clérin Vincent, 1,050 ; Latapie Clément, 700 (campagne de Lacomolet) ; Fourès, 700 ; Bédrine, 700 (campagne de Lussan) ; Dubès, 560 ; Palazi Antoine, 560 ; Gasague Jean, 560 ; Tarbouriech, 490.

Commune de Montady.

A 7 kilomètres de Béziers, 2 de Colombiers, que longe le canal du Midi.

Son territoire se compose de terres en plaine et de côteau ; c'est sur cette moindre partie que sont plantées les vignes que renferme cette commune qui produit des vins pour la plupart estimés.

Les propriétaires qui résident à Montady sont, savoir :

MM.

Veuve Audibert, récolte 2,700 hect. vin rouge, 140 Piquepoul, Clairette et Muscat ; Abbal Etienne,

560 vin rouge ; Rouby Etienne, 490 ; Souby Guillaume, 350 ; Capdecombes Barthélemy, 350 ; Vien
Etienne, 350 ; Aubes Louis, 350 ; Delfaud Jean ,
commissionnaire, 450 ; Rouby Etienne jeune, 350 ;
Izard Marcel, commissionnaire, 350.

MM. les propriétaires dont les noms suivent
habitent Béziers.

Lagarrigue père, banquier, propriétaire du domaine de Bousquet, récolte 4,500 hect. vin rouge
et 140 muscat.

Fayet, propriétaire du domaine de la Tour,
récolte 4,200 hect. vin rouge.

Commune de Montblanc.

A 12 kilomètres de Béziers et 5 de Servian.

Les principaux propriétaires de cette localité
dont les produits sont bons pour le commerce
sont :

MM. Robert (campagne des Castans); Amiel
Desroys, médecin; la famille Pastre-Feuilliés;
Jeanjean; Me de Sarret de Concergues, récolte en
moyenne 7,000 hect. de vin rouge bonne qualité.

Commune Montouliez

A 5 kilomètres de Cruzy.

—

Noms des propriétaires les plus importants.

MM.

Miquel Emile, 1,400 ; Desmarquès Victor, 1,500 ; Cabanes Thomas, 700 ; Mondiez Antoine, 420 ; Catala Victor, 420.

———

Commune de Murviel

A 13 kilomètres de Béziers.

—

Le terroir de cette commune produit d'excellents vins rouges, légers et alccoliques ; le commerce peut les employer de la manière la plus avantageuse.

Les propriétaires intelligents, et c'est le plus grand nombre, s'appliquent à la culture de la vigne, de laquelle ils retirent d'excellents produits. Un grand nombre d'entre eux ont enfin compris que pour les vins du Midi et du département de l'Hérault en particulier fussent plus recherchés,

il fallait leur donner plus de couleur et les améliorer en les soignant un peu mieux qu'on ne l'a
fait jusqu'à ce jour, pour leur donner plus de valeur. Au reste, les plantations nouvelles consis-
tant en Carignan, Morestel et Alicante, ne peuvent
que corroborer notre assertion.

Noms des Propriétaires les plus importants.

MM.

Pélissier, récolte 5,000 hectolitres vin rouge;
Guy, 1,000 ; Laurés, 1,000 ; Coulet, 800.

Commune de Nissan.

STATION DU CHEMIN DE FER DU MIDI,

Située à 10 kilomètres de Béziers, 4 de Colombiés et 5 de
Lespignan.

Elle est avantageusement placée pour le transport de ses produits qui peuvent prendre rang
parmi ceux de deuxième ordre, du département de
l'Hérault. Les vins sont alcooliques et légers, bons
pour la table.

Les principaux cépages sont le Carignan, l'Aramont, le Muscat, le Piquepoul et le Terret.

Principaux Propriétaires.

MM.

Gaudion (campagne dit Garrigues), récolte en premier choix, 110 hect. Carignan; 2,500 Aramont; 400 Piquepoul, et 2,000 Terret, ensemble 6,000 hect. Costes Jacob, 500 Aramont, 1er choix; 500 Aramont, 2me choix; 100 Piquepoul, 2me; choix; 2000 Terret, 1er et 2me choix; ensemble 3,100 hect. Le Sage d'Auteroche (campagne Laverante), récolte en 1er choix, 700 Carignan; 1,700 Aramont; 350 Muscat; 700 Piquepoul; 700 Terret, et 700 Terret 2me choix; ensemble 4,220 hect. Bonestève Eugène, 1,000 Aramont 2me choix; 100 Piquepoul 1er choix; 1,700 Terret 2me choix. Baquies Hippolyte, en 1er choix, 600 Carignan; 1,000 Aramont; 50 Muscat; 200 Terret et 200 Terret 2me choix. Donadieu Pierre, en 1er choix, 1,200 Carignan; 200 Aramont; 100 Terret. Sahuc Emile, 700 Aramont, 2me choix; 50 Muscat; 700 Terret, 1er choix, et 700 Terret 2me choix. Dubonne François, en 1er choix, 650 Carignan; 350 Aramont; 200 Piquepoul; 400 Terret. Cros Louis, en 1er choix, 250 Carignan; 700 Aramont; 25 muscat; 200 Terret, et 200 Terret 2me choix. Aubès Napoléon, en 1er choix, 400 Carignan; 100 Aramont; 400 Terret; 100 Piquepoul 2me choix, et 400 Terret 2me choix. Maury Bernard, 350 Carignan, 1er choix; 700 Aramont, 2me choix; 700 Terret, 1er choix, et 700 Terret, 2mo choix.

Cabanes, notaire, en 1er choix, 550 Carignan; 200 Aramont; 500 Terret. et 400 Terret 2me choix. Baquier Polydore, 350 Carignan, 2me choix; 300 Aramont, 1er choix; 200 2e choix; 50 Muscat; 50 Piquepoul, 1er choix; 200 Terret, 1er choix; 200 Terret, 2me choix. Baquier Gustave, 550 Aramont, 1er choix; 100 Piquepoul, 1er choix; 300 Terret, 1er choix; 300 Terret 2me choix. Baquier Jules, 350 Aramont, 1er choix; 150 Piquepoul, 1er choix; 200 Terret 1er choix, et 200 Terret, 2me choix. Bria Cyprien 350 Carignan, 1er choix; 150 Aramont, 1er choix; et 150 2me choix; 200 Piquepoul, 1er choix; 200 Terret, 1er choix, et 200 Terret 2me choix. Blancs Louis, en 1er choix 400 Aramont, 20 Muscat et 350 Terret. Bonestève Léon, 150 Carignan, 2me choix; 150 Aramont, 1er choix; 150 2me; 200 Terret, 1er choix, et 400 2me choix. Bonestève Frédéric, 200 Aramont, 1er choix; 200 2me choix; 100 Piquepoul 1er choix; 100 2me choix; 100 Terret, 1er choix, et 100 2me choix. Chavardès Prosper, en 1er choix 550 Carignan; 250 Aramont; 200 Terret. Rusquié, 1er choix 300 Aramont, 200 Piquepoul, 200 Terret, et 200 Terret, 2me choix. Les Saint-Martin, en 1er choix, 700 Carignan; 900 Aramont; 50 Muscat; 200 Piquepoul; 300 Terret. Gardes Edouard, en 1er choix, 250 Carignan; 250 Aramont; 700 Piquepoul; 500 Terret. Abbal André, en 1er choix, 500 Aramont; 20 muscat, et 200 Terret. Gardes Victor, 550 Aramont, 1er choix; 550 Aramont, 2me choix; 300 Terret 1er choix.

On compte environ 60 propriétaires, qui récoltent en moyenne 350 hectolitres l'un.

Commune de Pézénas.

—

Les vins de cette commune sont bons pour le commerce et pour la consommation directe.

Les principaux Propriétaires sont :

MM.

Aurias, 3,500 ; de Juvenel, 3,000 ; Dessalles, 3,000 ; de Vignamant, 2,000 ; Lépine, 1,500 ; Gaujou, 1,500 ; Gaujal, 1,500 ; Ponsenaille, 1,500.

Vaissade père et fils, 100 hect. Piquepoul, a obtenu une médaille de bronze à l'exposition de Pézénas en 1863.

Commune de Polhes.

A 13 kilomètres de Béziers et 3 de Capestang.

—

Les vignobles de cette commune sont sur des côteaux qu'on appelle vulgairement dans le pays Garrigues.

Les principaux propriétaires sont :

MM.

Mailhac, qui récolte 4,200 hect. vin rouge ;
Fonvielles, 4,200 ; Bousquet, propriétaire, 4,200 ;
Blanc, 4,200 ; Couderc, 2,800 ; Martin, 2,800 ;
Fonvieille Jean, 2,800 , Crubezi Pascal, 2,100.

La gare de Nissan, de laquelle elle est peu éloignée, et le canal du Midi sur lequel elle se trouve,
lui facilitent on ne peut mieux les moyens de
transport.

Commune de Portiragnes.

À 11 kilomètres de Béziers, 1 de Villeneuve et 2 de Cers.

—

Les vins de cette localité ont une réputation
justement acquise ; les vignobles sont situés sur
une belle position à laquelle on doit, à juste titre.
attribuer la bonne et belle production. D'ailleurs,
les placements avantageux des produits de cette
commune sont une preuve certaine de l'excellente
qualité qu'on leur attribue. Les vins ont une couleur assez foncée, chargés d'alcool, pour que le
commerce les recherche activement.

Noms des Propriétaires.

MM.

Mantenon, récolte 3,500 hect. vin rouge ; Bel-
el, 3,500 ; Roubière, 2,100 ; Cabanon frères,
,100 ; Cabanon Alcide, 1,400 ; Madame Bous-
uet, 1,400 ; Mandeville, 700.

Commune de Puimisson.

Située à 12 kilomètres de Béziers.

—

Puimisson, par sa situation, les qualités de ses
épages et leur exposition, fournit deux qualités
e vins bien distinctes, savoir : les vins dont le
ommerce se sert pour les coupages et les vins de
ble ; ces derniers, quoique assez légers de cou-
ur, sont généralement brillants et possédent un
on bouquet. Les vins de cette commune se con-
rvent assez bien, le commerce peut donc les
chercher.

Noms des principaux Propriétaires.

MM.

Fabrégat, de Bédarieux, récolte 3,500 hect. vin
uge ; Gouibeng, 2.100 ; Théveneau, 2.100 ;

Guibert, 1.750 ; Thomas, 1.750 ; Prunet fils, 1.050 ; Ollié, 700 ; Chauliac, 700 ; Giniei, 560 ; Fraissinet, 420.

Mme Fontenay, propriétaire de la belle campagne de la Floride, récolte 2.800 hectolitres vin rouge.

Commune de Puisserguier.

—

La commune de Puisserguier, située à 16 kilomètres de Béziers et à 20 kilomètres de Narbonne, contigue à l'Est, au Nord et à l'Ouest, au territoire des communes de Cazouls, Casedarnes, Cébazan, Creissan et Quarante, et au Sud, au territoire des communes de Maureilhan et de Capestang, a été, de tout temps, renommée pour la belle couleur, la bonne conservation, le corps, l'arôme et le bouquet de ses vins. Ces dernières qualités se développent de plus en plus à mesure que le vin vieillit en voyage ; aussi, il est impossible au plus fin gourmet et au meilleur connaisseur qui déguste un vin de ce crû ayant plus de cinq ans, de dire si c'est du Puisserguier ou du Roussillon. Malheureusement, les propriétaires n'en gardent, chaque année, tout juste que ce qu'il leur faut pour leur provision, ou pour celle de quelques gourmets ou amis privilégiés, forcés qu'ils sont de vider leurs celliers avant chaque récolte, pour faire place à la récolte nouvelle.

Puisserguier possédait autrefois des vins rouges
et des vins blancs (Carignan, Mourastel, Alicante,
Blanquette, Piquepoul) et se livrait aussi à la culture des céréales et des oliviers. Aujourd'hui, les
propriétaires ont trouvé plus avantageux de n'avoir
que des vins rouges, parce que ces vins ont des
qualités qui les font rechercher par le commerce.
Nous avons pu constater, en parcourant le territoire de cette commune, que le Carignan, l'Alicante, le Mourastel et l'Aramont, sont à peu près
les seuls cépages que l'on trouve dans ce pays
dont les garrigues composent environ les 4|5 du
territoire (on appelle garrigues, des terrains secs,
maigres et rocailleux, formés surtout de grès rouge
occupant des collines ou des plateaux plus ou
moins élevés, coupés çà et là par d'énormes blocs
de roches volcaniques). Ces terrains, incultes il y a
peu d'années encore, ont été peu à peu défrichés,
et sont aujourd'hui presque tous complantés en
Carignan, Mourastel et Alicante, cépages qui ne
produisent pas, il est vrai, la quantité, mais qui
donnent les qualités supérieures.

· Ces garrigues sont presqu'exclusivement la propriété des paysans qui ont peu à peu défriché ces
terrains autrefois incultes et abandonnés. Voilà
pourquoi le vin des paysans est généralement le
plus alcoolique, le plus foncé, faisant deux et trois
couleurs.

Il est pourtant quelques propriétaires dont les
caves peuvent rivaliser avec le vin des paysans,
parce que, comme ces derniers, ils ont leurs vi-

gnes dans la garrigue. Nous citerons MM. Fayet Py, négociant, et surtout le docteur Cadilhac dont le vignoble situé sur les côteaux renommés de Saint-Christophe, entre Puisserguier, Casedarnes et Cébazan, fournit des vins rouges dont nous avons pu apprécier le bouquet, la riche couleur, le brillant, la vinosité. Aussi, n'avons-nous pas été étonné d'apprendre que M. Cadilhac, qui sait appliquer avec tant de succès, à la viticulture, ses connaissances spéciales et les courts et rares loisirs que lui laissent ses occupations de médecin, n'avons-nous pas été étonné, disons-nous, d'apprendre que le docteur vendait souvent sa cave à des négociants de Narbonne.

Nous avons vu les défrichements importants et les nouvelles plantations que le docteur n'a pas craint d'entreprendre dans des terrains jusque-là regardés comme arides et impropres à toute culture, mais où avec des soins bien entendus, il espère voir s'étaler au soleil une belle végétation, et nous pouvons lui prédire qu'avec les qualités nouvelles qu'il en retirera, la réputation déjà si bien méritée de sa cave ne fera que grandir.

Enfin, pour donner une idée de l'importance et de la bonne conservation des vins de Puisserguier, dont la production s'élève à environ 125,000 hectolitres par an, nous ajouterons qu'il y a dans ce village deux fabriques de 3/6 de marc et une seule de 3/6 de vin, et que, d'après des renseignements puisés, soit auprès du seul fabricant de 3/6 de vin, soit au bureau des contributions indirec-

tes, Puisserguier a fourni, pendant les dix pre-
mières années, trois cents hectolitres environ de
3/6 de vin par an. Voilà des chiffres honorables
et qui prouvent éloquemment et surabondamment
combien les vins de ce pays sont d'une conservation irréprochable, et combien est petite la quantité de ceux que l'on envoie à la distillerie.

Puisserguier peut donc prendre rang parmi les
localités produisant comme lui du vin de transport
par excellence.

Noms des principaux Propriétaires.

MM.

Bessière récolte 7.000 hect. vin rouge; Bonnet, 2,500; Ronestève, 2,500: Coste. 2,200;
Chuchet, 2,200; Cadilhac, récolte 2,000 hect.
vin rouge (transport); 100 Grenache, 25 muscat;
30 Alicante muté au soufre ou au 2/6, et donnant de 15 à 16 dégrés de liqueur; Py Auguste,
récolte 1,400 vin rouge; Fayet, 3,000 vin rouge
(campagne de Milhau); Anjoulet Denis, 800;
Abraham, 1,760; Lavigne Télesphore, 600; Cau
Jean, fabricant 700; Sipière Benoît, 1,800;
Guilhaumon aîné, 400; Coquille Louis, 560;
Fabrier Jean, 400; Maurice Gasc, 400; Cabannes Maxime, 550; Appal Théodore, 550; Gasc
Jacques, 490; Besombes Henri, 350; Chappert
père, 350; Cayrol Louis, 300; Coquille Antoine,
350; Fabrier Sosthène, 350; Decot François,

400 ; Cayrol, Louis, 300 ; Castel Etienne, 200 ; Lautié Alexis, 150 ; Roux César, 150 ; Montagné Auguste, 60, Fabregat Amédée, 2,100.

Commune de Quarante.

Située à 24 kilomètres de Béziers, 20 de Narbonne, 8 de Puis-serguier et de Capestang. La superficie totale du sol est de 2,978 hectares dont 2,150 sont consacrés à la vigne produisant en moyenne 86,000 hectolitres.

On voit par ce qui précède. que le vin est la principale production de cette localité où l'on cultive encore, mais en petite quantité, le blé et l'avoine ; quelques terres exceptionnelles, profondes et un peu fraîches, sont consacrées aux fourrages ; ces cultures qui autrefois, avec le seigle, se partageaient la presque totalité des terres labourables, tendent à disparaître et sont remplacées par la vigne.

Cette culture a pris surtout un grand développement, depuis que l'oïdium s'est implanté dans les vignobles et que le soufre est venu paralyser d'une manière complète les effets destructeurs du redoutable fléau.

Pendant ces années de désastreuse mémoire, tandis que les atteintes du fléau portaient la désolation et la ruine dans toutes les régions, la commune de Quarante, au contraire, s'enrichissait et plantait des vignes ; le sol est de différentes natures, très-accidenté. La vigne se développe avec une grande vigueur dans les terrains argilo-siliceux des plaines étroites et encaissées qui produisent un bon vin d'un rouge brillant, de bonne garde, mais qui ne peut pas cependant prendre rang parmi ceux de premier ordre. C'est dans ces terrains qu'on a fait ces dernières années quelques plantations d'Aramont, cépage connu aussi dans l'Hérault sous le nom de *plant riche* à cause de sa prodigieuse fécondité.

Les vignobles qui couvrent les collines, les côteaux peu élevés, les versants des montagnes et les plateaux, fournissent des vins très-estimés et très-recherchés par les négociants de Béziers, Narbonne, Cette, Bordeaux, etc. Cette partie du territoire a été complantée en Carignan, en plant dur, plant d'Espagne, cépage réunissant la qualité à l'abondance.

Le terroir de la commune de Quarante est d'autant plus propice à la culture de la vigne, qu'il est mêlé de cailloux, de gravier, de pierrailles ; ces agents rendent le sol plus perméable à l'air, à l'eau, l'exposent d'une manière plus directe et plus efficace à l'action vivifiante des rayons du soleil, donnent une plus grande fertilité au sol et plus de qualité aux produits. On aurait donc tort, d'après certains auteurs et praticiens, d'épierrer les vignes; on devrait se contenter seulement de débarrasser le sol des pierres assez grosses pour gêner la culture.

. M. le comte Odart dit, dans son Manuel du Vigneron, qu'il serait quelque fois avantageux d'apporter des pierrailles dans les vignes et il ajoute : « J'ai employé ce procédé pour quelques ares de vignes qui avaient été dépouillés de pierres à mon insu. J'avais été déterminé à cette mesure par l'exemple d'un de mes voisins qui passa quatre ou cinq ans sans presque rien recueillir dans une vigne qu'il avait fait épierrer avec soin, et qui ne s'aperçut d'un retour du produit que lorsque les nombreux béchages eurent ramené une certaine quantité de pierres à la superficie du sol. Nous livrons ce qui précède à la méditation réfléchie des vignerons partisans trop absolus de l'épierrement complet. Il ne faudrait pas non plus qu'on s'avise de tomber dans le travers de l'abbé Rozier qui avait pavé une de ses vignes ; il est probable que ce système de culture ne dut pas donner de résultats satisfaisants, puisqu'il borna là son expérience, et se décida à la dépaver quelques années plus tard. »

Les vins de la commune de Quarante sont très-alcooliques et très-colorés, et, sous ce double rapport, conviennent admirablement bien pour remonter les vins peu alcooliques et peu colorés du centre de la France.

En parcourant le terroir de cette commune, nous avons pu admirer un travail de défrichement entrepris et mené à bien par les paysans de Qua-

rante. Ces petits propriétaires actifs et entrepre-
nants, ont peu à peu, pour occuper leurs loisirs
après leur journée et pendant les temps pluvieux
d'hiver, défriché un grand territoire de la nature
la plus ingrate ; une source inépuisable de richesses et de bien-être a jailli de ces montagnes naguère
sans valeur et qui produisent maintenant un vin
de premier ordre pouvant rivaliser avec ceux des
premiers crûs de l'Hérault ; ils ont toutes les
qualités nécessaires pour cela : la couleur, le spiri-
tueux, le brillant, la vinosité, le bouquet, le corps,
gagnent beaucoup par le transport, sont excellents comme vin de table après deux ou trois ans
de futailles, et deviennent en vieillissant de vrai
Roussillon. Aussi, les négociants qui connaissent
le terroir, n'ont garde de les dédaigner. Ce que
nous venons de dire s'applique aux vins produits
par tous les terrains identiques ; tous les vins de
Quarante, à part quelques rares exceptions, peuvent passer à la consommation. Aussi, croyons-
nous fermement que si plus tard on juge utile
d'opérer une classification des vins de l'Hérault,
Quarante devra prendre rang parmi les premiers
crûs du département.

Les domaines de cette localité étant nombreux,
nous en avons fait le classement ci-dessous, en
désignant les noms de MM. les propriétaires auxquels ils appartiennent, savoir : Le domaine de
Rouayre à M. Andoque Alexandre, des Pradels, à
madame veuve Andoque ; de Malviès, à madame
veuve d'Abe ; de la Plaine à M. Odon Gazel, avoué

à Saint-Pons; de Salhiez, à M. Vincent Alphonse à Narbonne; de Caratié, à M. Mouret Gérasime; de Semèges, à M. Cadilhac Léon; de Font-Couverte, à M. Andoque Emile; de la Grange-Basse, à M. Carles Alexandre; de Saint-Martin, à madame veuve Amat; de la Grange Haute, à M. Mouret Joseph; hameau de Fargousières, à MM. Calmettes Martial et Petit Michel; de Fontanche, à M. Cabanes, et enfin, le domaine de Lasparets, à M. Frédéric Laforgue. Ce propriétaire mérite une mention toute spéciale. Cet intelligent viticulteur récolte plusieurs qualités de vin très recherché, d'un grand mérite, qu'il vend toujours en totalité au commerce. Il a su, par une longue pratique et une grande expérience, se familiariser avec tous les secrets de la viticulture; aussi, donne-t-il à ses produits toutes les perfections dont ils sont susceptibles.

Nous n'avons pas été surpris d'apprendre que M. Laforgue avait obtenu plusieurs prix au concours régional de Montpellier. Ses vignobles produisent en moyenne 4,200 hectolitres, vin de commerce utilisé avec avantage pour les coupages (ont obtenu médaille de bronze), 350 hectolitres vin muscat; 50 hect. vin d'Alicante, 50 hect. Piquepoul (ont obtenu 1er prix, médaille d'argent); 80 hect. vinaigre (a obtenu : prix unique, mention honorable).

Pendant notre séjour dans la commune de Quarante, nous avons visité les riches vignobles de cet important et honorable propriétaire qui s'est immortalisé en détruisant par le soufre l'oïdium, dès son apparition, dans la commune de Quarante, au mois de juin 1852. N'oublions pas de dire qu'une médaille d'or a été décernée à M. Laforgue par le gouvernement français pour ses recherches, ses travaux sur le soufrage.

L'Académie Nationale agricole et industrielle de Paris lui a décerné aussi une médaille d'honneur pour le même objet.

Noms des Propriétaires.

MM.

Andoque Alexandre, récolte 7,000 hectolitres vin rouge ; veuve Andoqne, 5.500 ; Laforgue Frédéric, 1.200 vin rouge ; 350 muscat, 50 Alicante, et 50 Piquepoul.

Laforgue Victor, récolte 1.400 hect. vin rouge ; veuve d'Abe, 1,400 ; Gazel Odon, 1,050 ; Viannet Alphonse, 4,200 ; Mouret Gérasime, 2,800 ; Cadilhac Léon, 1.500 ; Andoque Emile, 1,400 ; Petit Pierre, 1,050 ; Mouret Louis, 1,050 ; Mouret Joseph, 1,400 ; Redon Joseph fils, 840 ; Carles Pascal, 800 ; Babeau André, 700 ; Espitaillier Martin, 840 ; Carles Alexandre, 700 ; Albert (veuve) Amat, 700 ; Blaye Joseph, 600 ; Blaye Numa, 560 ; Caumel Joseph, 560 ; Pupille Jean fils, 560 ; Rech Etienne, 420 ; Amat fils, 420 ; Cabanes Louis dit Gatas, 420 ; Calmettes Martial, 420 ; Petit Michel, 350 ; Fontes Guilhaume, 350 ; Jeanjean Jean, 350 ; Pradal Louis, 350 ; Redon Joseph cadet,

350 ; Redon Auguste, 350 ; Cassenac François, 315 ; Caman Joseph, 420 ; Calvet Jacques, 280 ; Combes Jean, fils aîné, 280 ; Jeanjean François, 280 ; Vidal 800.

Commune de Saint-Chinian.

A 25 kilomètres de Saint-Pons.

—

Ce que nous avons dit pour la commune de Cruzy, page 95, s'applique également à celles de St-Chinian et de Villespassant, deux localités limitrophes de la première ; elles possèdent les mêmes terrains et les mêmes qualités de vins que Cruzy.

C'est à St-Chinian que la vigne s'arrête et que les montagnes des Cévennes commencent.

Noms des principaux Propriétaires

MM.

Flottes Alphonses, de Pouzols, récolte 1,380 hect. vin rouge, dont 80 transport bonne qualité ; Fourcade Casimir, 170 ; Coural Renaud, 210 ; Anselme Auguste, 180 ; veuve Bousquet Léon, 180 ; Viala Victor, 150 ; Falcon Sébastien, 150 ; Mas Jean, 150 ; Galinié Augustin, de St-Pierre,

150 ; Bonneville Alphonse, 120 ; Négret aîné,
120 ; Bousquet Mesmin, 110 ; Gaubert Edouard ;
120 ; Sobe (veuve) Alexis, 108 ; Gély Jacques fils,
80 ; Peyronnet Marcelle (à Bagatelle), 300 ; Calas
Pierre (à Brabat) 120 ; Rouanet Louis (à Babeau),
150 ; Salvagniac, 90 ; Salvagniac-Martel, 84 ;
Salvagniac Charles, 60 ; Garriguenc Jean (à Boul-
loux), 84 ; Pagès Jean, 108 ; Robert Jacques, 84 ;
Salvagniac (veuve), 96 ; Decor Basile, 84 ; Robert
André, 84 ; Robert Basile, 60 ; Phalippon Jean ,
72 ; Robert Gabriel, 60.

Cette commune compte, en outre, un certain
nombre de propriétaires récoltant au-dessous de
60 et jusqu'à 40 hect.

Commune de Saint-Georges-d'Orques.

A 8 kilomètres de Montpellier.

—

Noms des principaux Propriétaires.

MM.

Courty Hippolyte, récolte 1,500 hect. vin rouge
de table, le meilleur du pays, spécialité de vins en
sixains, expédition pour la clientèle bourgeoise.

Chauvin père, récolte 1,500 hect. vin rouge,
crû du château de Saint Georges ; 50 vin blanc

muscat, seul récoltant cette qualité; ses caves contiennent des vins de 2 à 7 ans.

Vidal Léon, négociant, maison fondée depuis vingt ans. MM. les négociants peuvent s'adresser à lui pour la négociations et l'expédition des vins des meilleurs crûs de Saint-George.

Baudes Jules, propriétaire, récolte 600 hect. vin rouge 1re qualité. Il en récoltera dans deux ans 300 de plus; il possède des vins vieux.

Delgrès André, propriétaire récolte 320 hect. vin rouge 1re qualité de Saint-George.

Bompard Antoine, récolte 420 hect. vin rouge, dont 245 de 1re qualité, et 175 de 2me.

Cambon Jean, propriétaire et négociant, récolte 600 hect. vin rouge 1re qualité, bon crû, possède des vins vieux.

Daussargues cadet, récolte 1,200 hect. vin rouge 1re qualité; ses caves contiennent : vins vieux fins, Alicante et blanc du crû de Saint-Georges.

Ricome, propriétaire, récolte 450 hect, vin rouge, dont 300 hect. de 1re qualité et 150 de 2me.

Saint-Pierre-Daniel, négociant et propriétaire, récolte 450 hect. vin rouge 1re qualité.

Commune de Saint-Martin-de-Londres.

—

Noms des Propriétaires.

MM.

Duffour de la Vernède, récolte 100 hect. ; Vigié
Lavocat, 100 ; Vigié Mathilde, 132 ; Puech, 90 ;
Allouet, 60 ; Bancal, 70 ; Beaux, 70 ; Roubiau-
Hippolyte 60 ; Beudran, 60 ; Prunet Edouard et
frères, 90 ; Olivier Etienne, 54 ; Dubreuil, 60.

Commune de Sauvian

A 9 kilomètres de Béziers.

—

Cette localité, dont la population, d'après le
dernier recensement, peut être évaluée à 600 habitants environ, possède quelques campagnes importantes dont la production en quantité et qualité
est digne de remarque.

Depuis quelques années seulement, MM. les
propriétaires s'occupent intelligemment de viticulture et retirent de leurs vignobles tout ce qu'ils
sont en droit d'en attendre, c'est-à-dire quantité
et qualité.

On peut donc citer aujourd'hui, comme produisant du vin rouge de bonne qualité, les campagnes

de la Domergue appartenant à M. Salvan, d'Espagnac, à M. Coste.

Le vin provenant de la propriété de M. Coste, le crû d'Espagnac a toujours été des plus recherchés. Le Jou à M. Fourès, avocat à Béziers, crû excessivement important dont la bonne qualité du produit doit être attribuée à la belle exposition et à l'intelligence que son propriétaire apporte à l'amélioration de sa récolte ; et enfin, la campagne de la Condamine, appartenant à M. Coronne.

Quoique nous ayons mentionné plus haut les propriétés produisant du vin, en quelque sorte de très-bonne qualité, nous pourrions être taxés de négligence, si à la suite de cette nomenclature. nous n'indiquions comme nous l'avons fait pour les autres communes, les noms des propriétaires les plus importants, à MM. les négociants auxquels nous destinons notre travail.

Noms des Propriétaires.

MM.

Salvan, récolte 7.000 hect. vin rouge très-bonne qualité ; Coste, 4,900 vin rouge et blanc ; Cassagnes Charles, 2,100 ; d'Estanière, 700 ; de Chauliac, 1,400 ; Fourès, avocat, 2,100 ; Coronne à Béziers, 7,000 ; Calvet, 1,050 vin rouge bonne qualité ; Sabatier, 1,050 ; Délas, 910; Richard Victor, 700 ; Bousquet, 700 ; Ridal, 560 ; Marc, 560; Richard, 420 ; Vidal, 420 ; Vidal dit Corméat, 350.

Commune de Sèrignan

—

Sérignan, situé à 10 kilomètres de Béziers, a une population de 2,500 habitants environs. En parcourant son terroir dont la plus grande partie est exposée au Midi, nous avons remarqué que, comme partout ailleurs, MM. les propriétaires avaient fait de sensibles progrès relativement à la culture de leurs vignobles; quelques-uns ont cependant compris que si les terrains où les vignes sont plantées produisaient des vins de bonne qualité, on ne pouvait les améliorer, ou pour mieux dire les rendre meilleurs, qu'avec les soins et l'intelligence que nécessitent tous nos vins en général.

Parmi les crûs qui nous ont été désignés comme étant les plus importants, et produisant en quelque sorte des vins rouges ne laissant rien à désirer, nous citerons la campagne de Querelle, appartenant à M. Cabanon. Cette belle propriété est une des mieux exposées, sur le penchant d'une colline dominant la mer à 3 kilomètres de laquelle elle se trouve. C'est à cette exposition qu'il faut attribuer la production d'une certaine quantité de vins Alicante bonne qualité. Nous citerons en outre les campagnes de la Vistoule et de Clapiès, la première appartenant à M. Janson, à Béziers, et la deuxième à M. Barthez, propriétaire à Montfort;

ces deux belles propriétés produisent d'excellents vins rouges. Les vins de Sérignan sont bons pour la table et pour le commerce.

Noms des principaux propriétaires.

MM

Pourquier, récolte 1,400 hect. de vin rouge; Gauthier, 3.200 ; Gasc, 3,500; Janson, 2,100; Barthez, 2,100; Duval Bourrié, 700; Tindel, 2.500; Labadie frères, 4,200; Ruffié, 2,100 : Valessy, 3,000; Ray, 1,400; Lamothe Benoît, 1,050; Crouzat frères, 1.050; Espinadel Honoré, récolte 700 bonne qualité ; Cabanou, 700 vin rouge, qualité supérieure et 84 Alicante; Muratel, 420 vin rouge ; Fournier, instituteur, 350.

Cette commune compte un très-grand nombre de propriétaires dont le produit de leur récolte varie de 30 à 50 muids ou 210 et 350 hect.

Commune de Servian.

A 12 kilomètres de Béziers et 5 de Bassan.

Servian se trouve situé à quatre kilomètres de la station du chemin de fer de la commune d'Espondeilhan. Son terroir généralement bien exposé produit une grande quantité de vin pour le commerce ; les vignobles en très grande partie sont plantés dans la plaine, car il y a peu de côteaux, sur un terrain ferrugineux et calcaire. Il y a néanmoins quelques campagnes qui produisent du bon vin pour la table ; mais en général, et comme nous l'avons dit plus haut, les vins de cette commune sont destinés au commerce.

Les nouvelles plantations qui s'exécutent depuis quelque temps dans des conditions avantageuses, permettront bientôt, nous n'en doutons pas, aux propriétaires de livrer à la consommation un vin de table qui sera très recherché. D'ailleurs, comment pourrait-il en être autrement, lorsque l'Aramont, le Carignan et l'Alicante sont les trois cépages privilégiés ?

Noms des principaux Propriétaires.

MM.

MAZEL, campagne de Laroque, récolte 7,000 hectolitres.

Veuve Bousquet, récolte 4,000 hect. vin rouge ; de Barès Henri (campagne Amilhac), 4,200 vin rouge ; Isnard (campagne de La Baume). Le vin de ce propriétaire, dont la récolte s'élève en moyenne à 2,800 vin rouge et 20 muscat, sont excellents pour la table ; ils jouissent d'ailleurs d'une réputation justement méritée ; Falgas Ferdinand (campagne Mas-Cayrol), récolte 2,800 vin rouge ; Giret (campagne Laviolesse et de la Grangette), récolte 2,800 vin rouge ; Laplace Emile (campagne Lagrasset et l'autre partie mas Amilhon), récolte 2,100 vin rouge; Peitavy Louis. récolte 1,400 ; madame veuve Blanc, 1,400; de Rascas (château), 1,400; de Barès (campagne du mas Coussal), 1,400; la famille Bournbonet (campagne la Marseille-Haute et Basse), 1,400; Amilhon Alexandre (campagne mas Amilhon), 1,050.

Commune de Thézan.

Située à 8 kilomètres de Béziers, 3 de Murviel et 4 de Lignan.

Si un très grand nombre de communes du département s'occupent de nouvelles plantations de vignes, nous pouvons, sans crainte d'être contredit, citer la commune de Thézan comme une des principales, et nous pouvons même ajouter que dans un temps peu éloigné, les quelques champs qui existent encore seront transformés en vignobles.

Les cépages de cette localité consistent en Terret-Bourret, Piquepoul, Alicante, Morestel et Aramont; cette commune produit des vins rouges, assez alcooliques et propres à la consommation. Toutes les nouvelles plantations qui s'effectuent sont faites avec le dernier de ces cépages qui se généralise d'une manière surprenante dans le département de l'Hérault.

Noms des principaux Propriétaires.

MM.

Armand Pierre dit Major, récolte 5,600 hect. vin rouge ; Ferret, 2,800 ; Domairon, 2,800 ; Fourès, 2,800 ; Pélissier, campagne d'Espiran, 2,800 ; Arnaud Alexandre, 2,100, récoltera dans deux ans 4,000 ; Ferret, 1,750 ; Maury, 1,400 ; mademoiselle Flourens, 1,400 ; Arnaud Achille, 700 ; Palaud, 700 ; Malaret, 700 ; Arnaud Joseph, 1,400 ; Cavaille, 560.

Commune de Vendres.

A 10 kilomètres de Béziers.

Les produits viticoles de cette commune sont de bonne et belle qualité ; bien que peu populeuse, elle possède néanmoins quelques campagnes qui, par leur importance, la classent, proportionnellement à l'étendue de son territoire, parmi les communes les plus productives de l'arrondissement de Béziers.

On compte dans cette localité près de deux cents propriétaire environ, récoltant en moyenne tous les ans, de 350 à 420 hectolitres de vin rouge assez alcoolique bon pour le commerce.

Noms des Propriétaires les plus importants.

MM.

Miquel aîné, récolte 8,400 hectolitres vin rouge
et blanc; Coste, 3,150; Harmain, 3,030; Bernard,
1,400; veuve Vital, 1,050; Harmain dit le Gail-
lard, 700; veuve Gairaud, 4,050; veuve Cavailhé,
700; veuve Lamothe, 700; Juliède oncle, 560.

La commune de Vendres possède les campagnes
suivantes :

La campagne de la Guiolle, appartenant à
M. Miquel aîné, propriétaire, demeurant à Béziers,
produit en moyenne 8,400 hectolitres de vin rouge
et blanc. A cause de son importance, et après
l'avoir parcourue, nous n'avons pas voulu la passer
sous silence, car sa position et les bons produits
qu'elle offre au commerce la distinguent d'une
manière toute particulière.

Le terroir de cette propriété complanté de Carignan, Aramont, Morestel, Terret-Bourret, etc.,
offre à la consommation des vins d'une beauté et
d'une bonté qui ne le cèdent en rien à ceux des
meilleurs crûs. On peut se faire généralement une
idée des bons produits de ce remarquable vignoble, si l'on considère surtout que le soleil en se
levant frappe presqu'aussitôt les souches et ne les
quitte que lorsqu'il disparaît à l'horizon.

C'est un juste hommage à rendre à cet intelligent propriétaire, que de signaler sa propriété qui
en temps ordinaire peut être vendangée quinze

jours avant les autres, à cause de l'heureuse position dans laquelle elle se trouve placée.

Les vins produits par les cépages de ce vignoble peuvent être classés hors ligne ; ils ont d'ailleurs été constamment reconnus comme très-alcooliques, et conséquemment, d'une supériorité marquée sur bien des produits de cette nature.

Les caves de M. Miquel aîné contiennent presque toujours un bel assortiment de ce vin remarquable.

La campagne de l'Hôpital, appartenant à l'hospice de Béziers, et de laquelle MM. Coste et Gairaud sont les fermiers, produit en moyenne 3,150 hectolitres vin rouge.

La campagne de la Grange-Basse, à M. Angles, produit 2,450 hect. vin rouge.

La campagne de Castelnau, à M. Durand Palerme, 2,450 hect. vin rouge.

La campagne Capdeville, à M. de Massiac à Béziers, 2,450 hect. vin rouge.

La campagne de Savoye à M. Vincentis, 2,450 hect. vin rouge.

Commune de Vias.

Située à 16 kilomètres de Béziers et à 5 k. du Pont d'Agde.

—

Cette localité, dont la population s'élève à environ 1,854 habitants, produit des vins rouges

d'assez bonne qualité et des Piquepouls que nous
signalons, non-seulement aux vrais connaisseurs,
mais, encore aux gourmets, dont l'appréciation
franche et loyale ne saurait laisser, aucun doute
dans l'esprit des personnes qui les dégusteraient.

Dans notre impartialité, et surtout sans crainte
d'être contredits, nous disons hardiment que, si
les vins de cette nature que les villages de Pinet,
Pomérols et Marseillan produisent, se sont placés
au premier rang des vins fins de nos contrées, ces
vins, disons-nous, ont trouvé des rivaux en ceux
que la commune de Vias produit.

Principaux propriétaires.

MM

Daurel Camille, récolte 4,200 hectolitres de vin
rouge; Daurel, à Béziers, 2,500; Coste-Floret,
2,500; Bonniol Charles, 3,500; Chivaud, notaire,
2,500; Duvern Charles, 2,500; Caylet, 200;
Doumer, 200; Rescas Ferdinan, 200; Rescas
Léopold, 200.

Commune de Vic

A 16 kilomètre de Montpellier.

—

Domaine d'Aresquiés, appartenant à M. Cazalis-
Allut (Ch), président de la Société d'agriculture,

lauréat de la prime d'honneur de l'Hérault au concours régional de 1860. — Ce domaine, situé à l'extrémité de la commune de Vic, est contigu à celle de Frontignan. On y récolte environ 7,000 hect. de vin rouge de première qualité et, en outre, 1,000 hect. de muscat. Tous les vins d'Aresquiés ont une réputation établie depuis longtemps. Ils proviennent d'un terrain extrêmement rocailleux et pierreux, qui en fait un sol tout particulier. Peut-être est-ce à cette circonstance qu'il faut attribuer la haute qualité qu'acquièrent tous les vins de ce crû en vieillissant ; en effet, ils possèdent alors un bouquet aussi remarquable que beaucoup de vins à grande réputation. A toutes les expositions où ils ont été représentés, ils ont obtenu des premiers prix, notamment au concours régional de Grenoble, à l'exposition universelle de Paris (1855), à Angers, et au concours régional de l'Hérault.

Commune de Villeneuve-les-Béziers

Située à 8 kilomètre du chef-lieu d'arrondissement, à 2 de Cers et à 4 de Sérignan.

Les vins de Villeneuve, quoique ne pouvant pas être classés au premier rang, ne sont cependant point rejetés par le commerce, qui, depuis quelque temps, les livre avantageusement à la consommatton, surtout les plants de Terret-Bourret, de nouveaux cépages parmi lesquels on remarque l'Aramont. A cause des nouvelles plantations qui se sont faites et se font dans presque toutes les communes de l'arrondissement de Béziers, en général, les propriétaires peuvent livrer aujourd'hui des vins rouges d'une couleur plus foncée, ce que le commerce du Nord recherche généralement.

L'Aramont, le Morestel, l'Alicante et le Carignan sont les cépages qui constituent les vignobles de cette commune, dont nous donnons, comme pour toutes celles que nous avons parcourues, les noms de MM. les propriétaires.

Noms des Propriétaires.

MM.

De Bès, récolte 5,000 hect. vin rouge ; Dardet, 2,800 ; Donnadieu, 2,800 ; Alengri, 2,100, Alengri Philippe, 1,400 ; Abauzit, 1,400 ; mesdemoiselles Urbain, 1,400 ; Cavalier, 2,400 ; Pollie, notaire, 700 ; Belpel, 700 ; Martin dit Polonais, 700 ; Alengri dit Roque, 560 ; Martin dit Capalla, 350 ; Bousquet, 350 ; Soulagne, 350 ; Roque, 350 ; Camaret, 350 ; Lautié, 210 ; Alliès, 210.

AVIS IMPORTANT.

Voici quelques conseils excellents adressés aux viticulteurs et aux vignerons par le *Moniteur Viticole* que nous croyons utile de reproduire dans l'intérêt des propriétaires de vignobles de nos régions méridionales.

Dans le cours de novembre, le viticulteur qui a souci de sa réputation de producteur, visitera chaque matin sa cave pendant la première quinzaine, et tous les deux ou trois jours pendant les quinze derniers jours. Son oreille et son odorat doivent être son guide dans ses visites de surveillance qu'on ne regrette jamais d'avoir fait trop minutieuses. Un fût qui chante est un fût qui travaille, observez-le ; un fût qui exhale un goût fortement acide, renferme un vin qui tourne à une fermentation vicieuse, soutirez-le, coupez-le ; ici, là, plus loin encore, de l'écume autour des bondes vous signale un mouvement tumultueux qui a dû causer de la déperdition : vite, recourez à l'ouillage, remplissez votre futaille si vous ne voulez pas que votre vin soit perdu ou au moins dégénère.

Plus, si le temps se met au sec et au froid, ce sera le moment de pratiquer le collage et les soutirages. Un collage fait un peu hâtivement donne aux vins forts de la délicatesse et de la légèreté, en même temps qu'il les garantit contre des fermentations ultérieures, accidentelles ou autres, qui souvent leur nuisent.

7

DÉPARTEMENT

DES

PYRÉNÉES-ORIENTALES.

DÉPARTEMENT DES PYRÉNÉES-ORIENTALES.

Dans le département des Pyrénées-Orientales, la culture de la vigne est la principale industrie agricole du pays. La plaine se compose d'un sol argileux-sableux mêlé au détritus des rochers de la montagne ; le terrain d'alluvion se rencontre dans les vallées les plus encaissées et dans la plaine de Perpignan.

Si la récolte des céréales est souvent insuffisante dans ce département pour les besoins de la consommation locale, il n'en est pas moins vrai que la surabondance des vins compense largement ce produit.

Les vins du Roussillon jouissent d'une réputation justement acquise ; d'ailleurs, ce sont ceux qui, par leurs qualités, se rapprochent le plus des vins d'Espagne.

Les meilleurs, les vins muscats blancs de Rivesaltes, sont les premiers vins de liqueur de la France et même de l'Europe. Les vins dits de « Grenache » ou des crûs de Banyuls-sur-mer, de Cosperons et de Collioure sont aussi d'excellents vins de liqueur. Les vins dits « Rancio » des crûs de Banyuls-sur-mer, Cosperons, Port-Vendres et Collioure, sont classés parmi les meilleurs vins rouges de France ; ils sont chargés en couleur, secs, mais violents, et quelques-uns d'entre-eux sont employés avec les vins du département du Lot et de l'ancienne province d'Auvergne, à colorer ou à donner du corps à d'autres vins.

Le Macabeu et les crûs d'Esparrou, de Salces, de Baixas, de Baho, du Vernet et de Torremila, méritent aussi une mention de notre part.

Commune de Banyuls-sur-Mer.

A 32 kilomètres de Perpignan.

—

Vins occupant le premier rang de ceux de Roussillon.

Principaux Propriétaires.

MM.

Rocaries frères, récolte 150 hectolitres vins rouges 1re qualité; Forgas Pierre, 150 1re qualité; veuve Douzans, 150 1re qualité; Roger, instituteur, 150 1re qualité; Benoit fils, 150 1re qualité; Baille-Py Sauveur, 100 1re qualité; Sagols Villarem, 100 1re qualité; Garous Vincent, 100 1re qualité; Garous Jean, 100 1re qualité; Garous Badou, 100 1re qualité; Bassères Jean, 100 1re qualité; Blanc Pierre, 100 1re qualité.

Commune de Canohès.

—

Vins faisant jusqu'à 3 et même 4 couleurs.

Principaux Propriétaires.

MM.

Llobet et Amouroux, récoltent 500 hect. vin rouge 2me qualité; Gouy, 150 1re qualité; Faliù, 150 1re qualité; Gabarou, 100 2me qualité; Gouy frères, 100 1re qualité; le maréchal ferrant, 100 2me qualité.

———

Commune de Cases-de-Pène.

A 15 kilomètres de Perpignan et 6 kilomètres de Rivesaltes.

—

Principaux Propriétaires.

MM.

Sichet Louis, récolte 1,000 hect. vin rouge 1re qualité; Sichet Alexis, 1,000 1re qualité; Malis frères, 1,000 1re qualité; Bovis, 500 1re qualité; Malis Gaudérique, 200 2me qualité; Bouis, 100 2me qualité; Garau, 100 2me qualité; Chalureau François, 400 1re qualité; Mouche Joseph Cassal, 140 1re qualité; Garau Raynal Jean, 100 vin rouge 1re qualité; Mousarrat, 200 1re qualité; Mouche Fabrien Malis, 50 1re qualité; Malis Bertrand Pierre vin 1re qualité.

M. Carbonnel Joseph récolte des vins rouges 1re qualité pour le commerce, vins blancs du pays, Grenache, Macabeu, Muscat, Cosperons, Rancio et Malvoisie.

M. Carbonnel a obtenu à l'exposition de Perpignan, médaille d'argent pour trois de ses qualités de vins.

Nous n'hésitons pas à dire que la cave de M. Carbonnel est une des plus importantes du département en vins fins. Les propriétés de M. Carbonnel sont situées dans les communes d'Espira-de-l'Agly, de Rivesaltes et de Cases-de-Pène.

Commune de Collioure.

A 26 kilomètres de Perpignan.

Sous le rapport de la qualité, le vin de cette localité est classé parmi le meilleur du Roussillon. Le Grenache étant le cépage dominant, les terrains étant complantés de vieilles souches généralement bien exposées au Midi, produisent des vins moëleux faisant deux, trois et jusqu'à quatre couleurs.

Principaux propriétaires.

MM.

Bernardi Vincent, récolte 600 hectolitres vin rouge 1re qualité; Ramonec père et fils, 150 1re qualité; Compristo Jean, 150 1re qualité; Deboé François, 100 1re qualité; Christine Joseph, 100 1re qualité; Py André, 100 1re qualité; Berge, 100 1re qualité; Olives Joseph, 100 1re qualité; Nomdedeu, 100 1re qualité; Ascabayrou, 100 1re qualité; veuve Joseph Ramone, 100 1re qualité; Cortade Joseph, 100 1re qualité.

Commune de Corneilla-de-la-Rivière

A 12 kilomètres de Perpignan.

—

Ces vins sont classés pami les meilleurs du Roussillon.

Principaux propriétaires.

MM.

Gassiot, aubergiste, récolte 150 hectolitres vin rouge 1re qualité; Pagès (les dames), 150 2me qualité; Amadine Joseph, 100 1re qualité ; Cabestany Jean, 100 1re qualité, veuve Comolades, 100 1re qualité; Soubrequès, 150 2me qualité; Parès François, 150 2me qualité; veuve Castera, 100 1re qualité; Alberty Jean, 100 1re qualité; Dange, 100 1re qualité; Tanière Bonaventure 120 vin rouge 1re qualité.

Commune d'Espira-de-l'Agly

A 11 kilomètres de Perpignan, et à 3 kilom. de Rivesates.

—

Principaux propriétaires.

MM.

Moliné, récolte 600 hectolitres vin rouge, 1re qualité; Duverney, 1,500 1re qualité ; Delmas, 1,500 1re qualité ; Jobart, 300 1re qualité ; Banès, 200 2me qualité; Bastouil Henri, 100, 1re qualité ; Coste père et fils, 500 2me qualité ; Farines, 500 2me qualité; Garandeau, 100 2me qualité ; Sichet Antoine, 500 1re qualité ; Rolland, 100 2me qualité ; Chef d'atelier chez M. Carbonnel, 100 1re qualité.

Les vins de cette commune jouissent d'une réputation justement acquise, ils font jusqu'à 4 couleurs, ce qui est on ne peut plus essentiel pour le commerce.

Commune de Perpignan.

—

Principaux Propriétaires.

MM.

Lafabrègue récolte 1,000 hectolitres vin rouge
1re qualité ; Mlle Manielli, 100 2e qualité ; Fau-
drier Laurent, 100 1re qualité ; Guarrigue, 150 1re
qualité ; Reverdy, 150 2e qualité ; Garrigue Jean,
100 1re qualité ; Bises, 150 2e qualité ; Moulins
père et fils, 150 1re qualité ; Amadis, 100 1re qualité ; Romeu, 1,500 dont 800 1re qualité ; et 700
2e qualité ; Ros Emmanuel, 150 1re qualité ;
Fabre Emmanuel, 100 1re qualité ; Cruchendeu, 150
1re qualité ; Jouy-d'Arnaud, 150 1re qualité ; veuve
Albart, 150 1re qualité ; Propriétaire de la Ferme-
Ecole, 500 2e qualité ; veuve Fraisse, 100 1re qualité ; Souvras-Territ, 100 1re qualité ; Calmettes
Charles, 100 1re qualité ; Métairie Gaffard, à 5 kilo.
de Perpignan, 1,500 2e qualité ; Métairie Carcassonne, 1,500 2e qualité ; Métairie de Lascores près
Canohès, 1,000 2e qualité ; Sèbes, 2,000 2e qualité ; Estrade, (mélange) 2,500 bonne 2e qualité ;
Cargolès frères, Parral, maréchal-ferrant, 110 1re
qualité ; Maribeau, menuisier, 100 2e qualité ;
Thouzet, 100 1re qualité ; Codine, 2,000 2e
qualité.

Les transactions commerciales viticoles étant on

ne peut plus délicates, et puisque pour nous il est un devoir, celui de faire connaître nos vins depuis longtemps méconnus, il a fallu que nous fassions un choix parmi les nombreux commissionnaires dont nous avons eu les noms sous les yeux.

Commune de Peyrestortes.

A 8 kilomètres de Perpignan et 2 de Rivesaltes.

—

Vins faisant jusqu'à 4 couleurs.

Principaux Propriétaires.

MM.

Mariano, récolte 1,000 hectolitres vin rouge 2me qualité; Raynal Victor, 600 2me qualité; Vassal, 500 2me qualité; Dauder frères, 500 2me qualité; Testory, 400 1re qualité; Ey, 400 1re qualité; Azaïs, 250 1re qualité; Bousquet, 300 1re qualité; Labroue, 150 1re qualité; Maury frères, 200 1re qualité; Fons, 300 1re qualité.

M. Albert Lavigne, commissionnaire en vins du Roussillon, traitant directement des caves des propriétaires en gare, possédant la confiance des propriétaires, méritée par la réputation de loyauté et de probité que sa famille s'est acquise dans le département, donne l'écoulement aux meilleurs produits du pays, pour le compte des propriétaires viticoles, Muscat, Grenache, Macabeu, etc.

Maison de commission — fabrique de Liqueurs, et entrepôt de 3/6 à Rivesaltes.

Commune de Pia.

A 15 kilomètres de Perpignan.

—

Les principaux cépages de cette localité sont : le Carignan et le Grenache.

Principaux Propriétaires

MM.

Rambaud, récolte 300 hectolitres vin rouge 2me qualité; Carrère Etienne, dit Couiné, 140 1re qualité; Torreilles François, 130 1re qualité; Carrère Joseph, 130 1re qualité; Balent Gaudérique, 120 1re qualité; Fenateu Julien, 100 1re qualité; Pomayrol Joseph, 100 1re qualité; Thérèze, femme Ribeill, 100 1re qualité; Baixas Paul, 100 2me qualité; Billeracq frères, 100 2me qualité.

Commune de Ponteilla.

—

Vins pesant 12, 13 et 14 degrés.

Principaux Propriétaires.

MM.

Lacroix, récolte 250 hectolitres vin rouge 1re qualité; Granges, 200 1re qualité : Jaubert frères, 500 (le meilleur de la commune); Labeoulaïgue, 100 2me qualité; Valentin, 100 2me qualité; Valentin, 100 2me qualité; Llamby, 100 2me qualité.

La propriété de la marquise d'Auberjon, domaine de Saint-Nicolas, produit 3,000 hectolitres vin rouge partie 1re partie 2e qualité.

Dans la commune de Saint-Estève la propriété de Madame la marquise d'Auberjon produit 80 hect. 1re qualité de Perpignan.

—

Commune de Rivesaltes.

Station du chemin de fer, à 9 kilomètres de Perpignan.

—

Les principaux cépages sont : Le Carignan, Muscat, Macabeu, Malvoisie, Blanquette.

Principaux Propriétaires.

MM.

Veuve Amouroux, récolte 2,000 hectolitres vin rouge 2e qualité ; Parès Jean, 2,000 2e qualité ; Besombes Aristide, 2,000 2e qualité ; Singla frères, 1,500 2e qualité ; Denamiel frères, 1,000 (5 couleurs) 1re qualité ; Besombes Joseph, 1,000 1re qualité ; Donat frères 1.000 1re qualité ; Ay Joseph, 1,000 (5 couleurs garanties 1re qualité) ; Calmon frères, 600 1re qualité ; Cayrol frères, 500 2e qualité ; Mailly frères, 400 2e qualité ; Massou frères, 400 1re qualité ; Amouroux, médecin, 300 1re qualité ; Roig Jean-Pierre, 200 (5 couleurs) 1re qualité ; Mercader, 200 1re qualité ; Bastouil Joseph, 200 1re qualité ; Bastouil Pierre, 200 1re qualité ; Ay jeune, 200 1re qualité ; veuve Marty, 200 1re qualité ; Plas Etienne, 200 1re qualité ; Plas dit Tourrillou, 200 1re qualité ; Gauze Charles, 300 1re qualité ; Bernis Raymond, 300 1re qualité ; Cabestany, 300 2e qualité ; veuve Sichet, 200 2e qualité ; Montserrat frères, 200 2e qualité ; Rancière Bonaventure, 100 1re qualité ; veuve Vassal-Ange, 200 1re qualité ; Fajous, 200 1re qualité ; Serre Joseph, à la Guinguette, 250 2e qualité ; Delcassou Bartissal, dit Quinze, 150 1re qualité ; Fons Joseph, 150 2e qualité ; Rieu 100 1re qualité ; Calmon Jean, 150 1re qualité ; veuve Vassal Eugène, 150 1re qualité ; Calmon André, 150 1re qualité ; Jolivet, 500 2e qualité ; Vassal Edouard, 500 2e qualité ; Fabre Pierre, 150 1re qualité ; Panis Jean, 100 2e qualité ; Puig, cordonnier, 100 1re qualité ; Zoé, 100 1re qualité ; Vidal Etienne, 100 1re qualité ; veuve Plas, 500 2e qualité ; Maury Paul, 100 1re qualité ; Brau Pascal, 150 1re qualité ; Pagès, menuisier, 100 1re qualité ; Taure André, 150 1re qualité ; Bouix Ferdinand, 100 1re qualité ; Vassal Séverin, 500 1re qualité ; Mercader, 200 1re qualité ; Charles, maréchal-ferrant, 100 1re qualité ; Troum Pierre, 100 1re qualité ; veuve Adrien, 200 1re qualité ; Marty Jacques, 200 2e qualité ; Sirac Jean, 200 2e qualité ; veuve Crassous, 100 1re qualité ; Bastouil Louis, 100 1re qualité ; Blanquié, 200 1re qualité ; Blanquié Jérôme, 200 2e qualité ; Blanquié Jérôme, boucher, 200 2e qualité ; Calvet François, 100 2e qualité.

Commune d'Estagel.

Principaux Propriétaires et avis les plus importants

Arago Victor, récolte 600 vin rouge, partie sec, partie liquoreux ; Conti Joseph, 200 vin rouge, partie sec, partie liquoreux ; s'occupe de la manière la plus intelligente de cette propriété ; Salamo, environ 600 ; Ducruc 500 ; Gironne 500 ; Amiel 450 ; Alzine Antoinette 450 ; 1er choix ; Morat Adolphe 300 ; Bandy jeune, 500 ; Forner fils Bonaventure 200 ; Triquero Etienne, 700 ;

partie Maur, et partie de Cases-de-Pène, Gonzalvo Jean, 250; Gonzalvo ange, 100; Farmier Cobo, 200; Darbet frères, 160; Camps Louis, 200; Gouy Joseph, 100.

Produit Général de la Commune de 16 à 17,000 hectolitres.

Commune de Latour-de-France.

A 4 kilomètres d'Estagel et 4 de Montner.

Dabès Marcellin, 90; Sailnou, 360; Chauvet, 360; Marty Hipolyte, 150; Cussol Alphonse, 150; Bauby, 150; Coronat Charles, 150, dont 50 doux et 50 sec; Coronat Paul, 75, médaille à l'exposition de Perpignan; Barthe Simon, 150; Trilha Auguste, 150 bonne qualité; Bieules Victor, 120 bonne qualité; Gazen Marcellin, 120 bonne qualité; Merou Joseph, 100 bonne qualité; Coronat Bazile, 120 2me qualité; Casanova Paul, 120 bonne qualité; Tiffon Paul, 200 bonne qualité.

La récolte moyenne de cette commune s'élève environ à 10,000 hectolitres.

Commune de Pézilla-de-la-Rivière.

Pujol François, 550 vin rouge 2/3 1re qualité, 1/3 2me qualité.

La commune de Pézilla produit des vins 1re qualité pour le commerce.

Commune de Saint Paul de Fenouillet

La cave de M. Pla est la plus importante de la commune, à l'exposition de 1862, il a obtenu Médaille de Bronze, grand module, pour l'ensemble de tous ses vins dont on peut évaluer le chiffre en moyenne à 500 hectolitres.

Lazeu de Peyralade 400 de vin de table très estimé, Fabrazés Jean, 500 ; vin rouge 1re qualité; Monner, 80, vin rouge 1re qualité ; voici aussi les noms de différents propriétaires de la Commune : Gambus Sauveur, Pech-Louis, Siaut, Peyralade Joseph, Pachique, Moulard Louis, Maury Louis, Piyeau.

Commune de Corneilla

Roig Etienne, 160 1re qualité ; Gendre Jean, 100 partie 1re partie 2me ; Sibieure François, partie 1re partie 2me ; Bord Joseph, 40 ; Palofis Jacques 30 bonne qualité ; Cadère Etienne, 120 partie 1re partie 2me ; Cadine Etienne, 130 vin rouge 1re qualité ; Ciré Augustin, 25 vin rouge; 1re qualité ; Raccor Jean, 70 partie 1re partie 2me ; Taillaud Joseph, 25 vin rouge, 2e qualité ; Garrigue Jacques, 60 1re qualité ; Cathala Hypolite, 50 1re qualité ; Corneil Henry, 140 vin rouge, partie 1re partie 2me.

Commune de Maury.

—

La commune produit en moyenne 20,000 hect.

Cathala Elie, 100 1re qualité ; Borie Pierre, 320 vin rouge 1re qualité ; Barthez Louis, 120 1re qualité ; Tricoire Joseph, 240 1re qualité ; Flamand Jean, 120.

Commune de Millas.

—

La cave de M. Ferriol, la plus importante de la commune, reçoit en moyenne 800 hect. vin rouge, 400 se produisant du côteau et 400 de la plaine.

En mélangeant ces vins cet important propriétaire obtient une bonne 1re qualité.

La cave de M. de Çagarriga 400 bon vin 1re qual.

Commune de Montner.

A 4 kilomètres d'Estagel et 4 de Latour-de-France.

—

Les vins de cette commune jouissent d'une grande réputation, l'exposition des vignobles et le terroir sur lequel les vigne sont plantées suffisent pour en faire apprécier la valeur. La liqueur, la vinosité, l'alcool nous les font désigner d'une manière toute particulière au commerce en général. Les vignes produisent des vins moëlleux supérieurs à ceux des communes environnantes parce que les vignobles se trouvent tous situés dans la garrigue.

Principaux Propriétaires.

MM.

Garrigue Joseph, 100 ; Tallau Baptiste, 250 ; Deville André, 120; Deville Joseph, 125 ; Tallau Jacques-Aluzet, 120 ; Bazès Barthélemy, 85 ; Marty Jean, 125 ; Brieu Augustin, 120 ; Marquet François, 120, Sales Alexis, instituteur, 50 ; Poux Barthélemy, 140 ; Marty Villasèque Joseph, 170.

Cette commune produit en moyenne 5,000 hectolitres.

Commune de Leucate (Aude).

A 4 kilomètres de la station du Chemin de fer.

Principaux cépages Carignan et Alicante.
Azau Pierre, 800 partie 1re partie 2me ; Morand, 1200 partie 1re partie 2me ; Hamanille Louis, 300 1re qualité ; Marieux charles, 800 belle qualité ; Nicolas Nicolas, 200 1re qualité ; Bernard, 300 belle qualité ; Tapié Charles 400 partie 1re partie

2me.; Tapié, ex-capitaine au cabotage, 300 belle
qualité; Pradel 300 1re qualité; Tapié Hyacinthe,
200 1re et 2me qualité; Nicolas Auguste, 400 1re et
2me qualité; Blagé cadet, 50 1re qualité; Candellou
Pierre, 200 1re et 2me qualité ; Serre Pierre, 50
1re qualité; Andrieu François fils aîné, 200 1re qualité; Teyssère François, 100 1re qualité ; Orthala
Bertrand, 150 1re et 2me qualité ; Orthala Charles,
400 1re et 2me qualité; Piguiral Baptiste, 300
belle qualité; Rouart Paul 400 1re et 2me qualité;
Rayle Achille, 100 1re qualité; Roufia Baptiste, 70
1re qnalité; Fabre Alexandre; 150 1re et 2me qualité; Blayé Antoine, 80 1re qualité; Arnaud Pros-
per, 500 1re et 2me qualité.

Recette moyenne de la commune 40,000 hectolitres, tout vin de transport, poids en alcool 11
à 12 degrés.

Commune de Fitou.

M. Vidal Charles, récolte environ 1,500 partie
1re partie 2e ; Conte Michel, 500 vin rouge 1re
qualité ; Ribel Benjamin, 400 partie 1re partie 2e;
Vidal Pascal, 1,600 environ vin rouge 1re qualité;
Gauffre Jean, 250 qualité secondaire pour le commerce.

AU GRAND DÉPOT

DE MACHINES AGRICOLES
ET INDUSTRIELLES

CAROLIS
MÉCANICIEN

Rue d'Aubuisson, 36, Faubourg Saint-Aubin

TOULOUSE.

Quarante récompenses obtenues dans plusieurs concours ont fait redoubler d'efforts cet intelligent industriel pour satisfaire sa nombreuse clientèle.

On trouve dans ses ateliers un grand nombre de machines agricoles des mieux perfectionnées, telles que machines à battre de plusieurs forces; hache-paille de plusieurs genres; égrenoir à maïs; faucheuses; faneuses; râteaux à cheval; tarare à main, déboureur et purgeur; trieur de grain; charrue de plusieurs genres; pétrin mécanique pour l'alimentation de la race porcine; en un mot, tous les instruments aratoires du meilleur goût et de toute commodité.

MM. les propriétaires et agriculteurs qui honoreront le sieur Carolis de leur confiance trouveront toujours chez lui, bonne confiance et solidité à toute épreuve.

TABLE DES MATIÈRES.

Perpignan, imprimerie Ch. Latrobe, rue des Trois-Rois, 1.

www.ingramcontent.com/pod-product-compliance
Lightning Source LLC
Chambersburg PA
CBHW050114210326
41519CB00015BA/3957